"十三五"职业教育系列教材

U0643309

典型机床电气线路的安装与调试

DIANXING JICHUANG DIANQI XIANLU DE ANZHUANG YU TIAOSHI

主　编　潘　毅

副主编　吴兴平　游　建

参　编　吕强松　陈贤通　何家恒　谢小宝

主　审　杨　先

中国电力出版社

CHINA ELECTRIC POWER PRESS

内 容 提 要

本书共包括六个学习任务，每个学习任务包括六个学习活动。主要内容有常见低压电器的拆装、检测，星-三角减压启动器的安装与调试，CA6140 车床电气控制线路的安装与调试，Z3050 摇臂钻床电气控制线路的安装与调试，M7130 平面磨床电气控制线路的安装与调试，X62W 万能铣床电气控制线路的安装与调试。

本书可作为高职高专院校机电一体化专业中电气运行与控制方面一体化教学教材，也可作为技师学院、高级技工学校机电一体化专业使用。

图书在版编目（CIP）数据

典型机床电气线路的安装与调试/潘毅主编. —北京：中国电力出版社，2016.3（2022.7 重印）

"十三五"职业教育规划教材

ISBN 978-7-5123-8646-4

Ⅰ.①典… Ⅱ.①潘… Ⅲ.①机床-电气控制-控制电路-安装-职业教育-教材②机床-电气控制-控制电路-调试方法-职业教育-教材 Ⅳ.①TG502.35

中国版本图书馆 CIP 数据核字（2016）第 023738 号

中国电力出版社出版、发行

（北京市东城区北京站西街 19 号 100005 http://www.cepp.sgcc.com.cn）

北京天泽润科贸有限公司印刷

各地新华书店经售

*

2016 年 3 月第一版 2022 年 7 月北京第六次印刷

787 毫米×1092 毫米 16 开本 10.5 印张 252 千字 1 插页

定价 **32.00** 元

版 权 专 有 侵 权 必 究

本书如有印装质量问题，我社发行部负责退换

前　　言

职业教育发展至今，传统的灌输式教学方法已经不适应现代的职业院校教学。人社部《一体化课程开发技术规程（试行）》文中指出：一体化课程是按照经济社会发展需要和技能人才培养规律，根据国家职业标准，以综合职业能力为培养目标，通过典型工作任务分析构建课程体系，并以具体工作任务为学习载体，按照工作过程和学习者自主学习要求设计和安排教学活动的课程。一体化课程体现理论教学和实践教学融通合一，专业学习和工作实践学做合一，能力培养和工作岗位对接合一的特征。为此我们编写了与一体化课程改革相适应，并具有创新特色的教材。

本书在编写的过程中始终把贯彻以服务为宗旨、以就业为导向、突出职业能力和职业素养的培育作为根本人才培养目标，同时注重教材内容与职业标准对接，教学过程与生产过程的深度对接。坚持以工作过程导向的项目教学，注重"做中学、做中教"的教学活动设计和安排。在教、学、做一体的教学过程中，注重以实际能力表现为依据的表现性评价、终结性评价与过程评价相结合；个体评价与小组评价相结合；理论学习评价与实践技能评价相结合。

本书由潘毅任主编，吴兴平、游建任副主编，参加编写的还有吕强松、陈贤通、何家恒、谢小宝。具体编写分工如下：潘毅编写学习任务一部分、学习任务四，并完成全书的活动流程设计；游建编写学习任务一部分；吕强松编写学习任务二；陈贤通编写学习任务三；何家恒编写学习任务五；吴兴平编写学习任务六，并参加本书的设计工作。全书的书稿校对工作由潘毅、游建、谢小宝完成。

在本书的编写过程中，广州市技师学院李宗国校长、翟恩民副校长给予了大力支持和指导，并得到广州铁路职业技术学院轨道交通副院长陈选民、广东工业大学培训部主任王小涓、广州日晴自动化机械有限公司总经理张著猛、广州数控设备厂工程师汤嘉荣等我校专业建设委员会专家的大力支持和指导，在此一并表示感谢。

本书由广州市高级技工学校杨先主审，并提出了宝贵的意见和建议，在此表示衷心的感谢。

由于编者的水平所限，书中难免有所疏漏，请广大读者批评指正。

编　者

2016.1

目 录

学习任务一　常见低压电器的拆装、检测

工 学 目 标

（1）能通过阅读工作任务单，明确工作要求。

（2）独立查阅相关学习资料，向同伴叙述典型低压电器的特点、种类、功能，以小组协作方式认识典型低压电器。

（3）查阅维修资料，与小组成员合作制订典型低压电器组装计划。

（4）小组协作执行组装计划，熟练使用电工工具拆装、检测典型低压电器。

（5）能使用各种仪表检验组装好的低压电器，并交付使用。

（6）按照 6S 管理规定，整理工具，清理施工现场。

（7）以小组为单位完成小组评价、个人评价。

（8）小组成员会通过演示文稿、展板、海报、录像等形式，向全班展示、汇报学习成果。

建 议 学 时

20 学时。

工 作 情 景 描 述

某电器厂需要组装一批低压电器，要求电气班接到此任务后在规定的时间完成低压电器的安装、调试，交有关人员验收。电气班接到任务单后，按工作任务要求完成相关工作。

工作过程与学习活动

（1）接受工作任务，明确任务要求。

（2）资料查询，获取信息。

（3）制订工作计划，做出决策。

（4）实施计划并交付验收。

（5）成果汇报。

（6）综合评价。

学习活动一 接受工作任务，明确任务要求

工 学 目 标

(1) 能通过阅读工作任务单，明确工作要求。

(2) 会填写工作任务单。

(3) 能通过观察机床设备电气控制部分，初步认识低压电器。

学时：1 学时。

工 学 过 程

一、阅读工作任务单，根据实际情况填写（见表 1-1）

表 1-1   工 作 任 务 单

组装项目			
组装电器名称、数目			
组装过程中出现的故障现象			
故障排除记录			
组装工时		实际工时	
派单单位负责人		电话	
组装单位负责人		电话	
验收部门负责人		电话	
验收意见			签字：

二、根据任务单回答问题

(1) 该项工作具体内容是什么？

（2）工作任务单的作用是什么？

_____

（3）该项工作负责人是谁，参与人有谁？

_____

（4）该项目工作计划占用多少工时，什么时间开始，什么时间结束？

_____

（5）该项目工作计划中组装工时与实际工时有什么不同？

_____

（6）该项目完成后由谁验收，验收标准是什么？

_____

三、观察机床设备，认识低压电器在电气控制中的作用

（1）低压电器可分为哪几大类？

_____

（2）低压电器有哪些用途？试举例说明。

_____

（3）低压电器的常用术语有哪些？试举例说明。

_____

⭐ 提 示

　　采用继电器控制的生产机械，其电动机的运转大都采用各种接触器、继电器、按钮、行程开关等电器构成的控制线路来进行控制的，如图 1-1 所示。

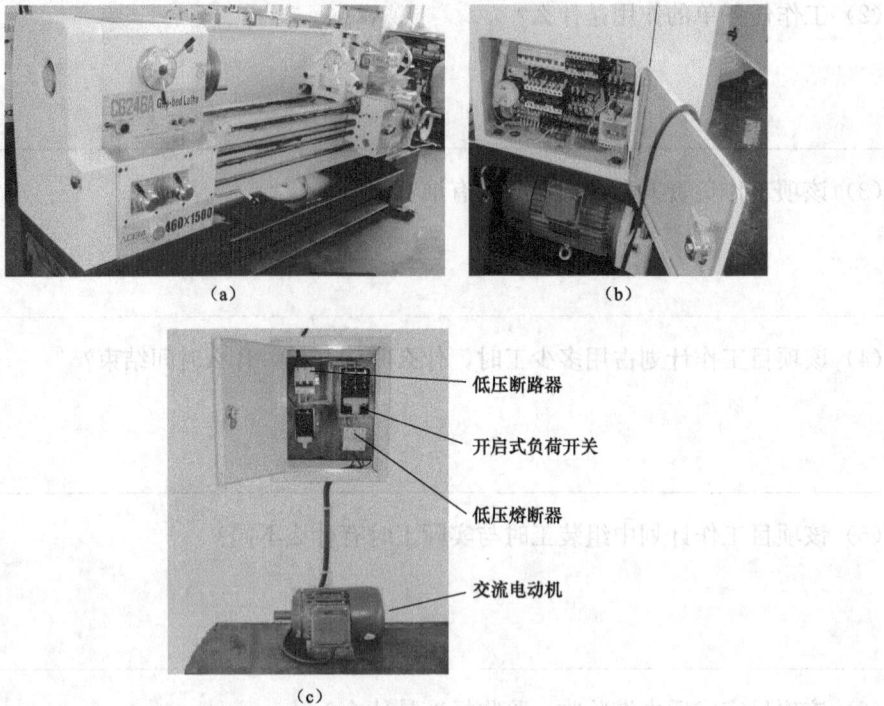

图 1-1　继电器控制的生产机械

电器：能根据外界的信号和要求，手动或自动接通/断开电路，实现对电路或非电对象切换、控制、保护、检测和调节的元件或设备。

1. 电器设备根据工作电压高低分类

（1）低压电器：工作在交流额定电压 1200V 以下、直流额定电压 1500V 以下的电器称为低压电器。

（2）高压电器：工作在交流额定电压 1200V 及以上、直流额定电压 1500V 及以上的电器称为高压电器。

2. 低压电器按用途分类

（1）低压配电电器：包括低压开关、低压熔断器等，主要用于低压配电系统及动力设备中。

（2）低压控制电器：包括接触器、继电器、电磁铁等，主要用于电力拖动与自动控制系统中。

3. 低压电器的常用术语

通断时间：_____

分断能力：_____

接通能力：_____

短路接通能力：_____

短路分断能力：_____

操作频率：_____

通电持续率：_____

学习活动二　资料查询，获取信息

工学目标

（1）独立查阅相关学习资料，完成低压电器的功能、文字符号、图形符号、规格、价格、选用方法和安装使用方法等资料查询。

（2）能向同伴叙述典型低压电器的特点、种类、功能。

（3）能以小组协作方式完成认识典型低压电器工作页。

（4）能以小组为单位完成小组评价、个人评价。

学时：4学时。

工学过程

一、查询学习资料

学生以小组为单位分工查询学习资料，完成低压电器的功能、文字符号、图形符号、规格、价格、选用方法、安装使用方法等资料查询。小组成员分工安排见表1-2。

表1-2　　　　　　　　　　　　小组成员分工安排表

项目：＿＿＿＿＿＿＿＿＿＿＿＿＿＿＿＿＿＿＿＿＿＿＿＿＿＿＿＿＿＿＿＿＿

组别：＿＿＿＿＿＿＿＿＿＿＿＿＿＿＿＿＿＿＿＿＿＿＿＿＿＿＿＿＿＿＿＿＿

组长：＿＿＿＿＿＿＿＿＿＿＿＿＿＿＿＿＿＿＿＿＿＿＿＿＿＿＿＿＿＿＿＿＿

组员：＿＿＿＿＿＿＿＿＿＿＿＿＿＿＿＿＿＿＿＿＿＿＿＿＿＿＿＿＿＿＿＿＿

序号	工作内容	负责人	评价
1			
2			
3			
4			
5			
6			
7			
8			

二、填写工具仪表清单和典型低压电器归总表

各小组根据所收集的资料配合完成工具仪表清单（见表 1-3）、典型低压电器归总表（见表 1-4）的填写，并进行展示。

表 1-3 工 具 仪 表 清 单

工具	
仪表	

表 1-4 典型低压电器归总表

实物照片	名　称	文字符号和图形符号	结　构	性能特征（工作原理、技术参数、选用、维护）

实物照片	名　称	文字符号和图形符号	结　构	性能特征（工作原理、技术参数、选用、维护）
YBLX-1型　XCK-P型　JLXK1型				
JS7-A型　AH3-3型				

三、向同伴叙述典型低压电器的特点、种类、功能

(1) 如何选用开启式负荷开关?

_____

_____

(2) 自动开关的灭弧系统应具备哪些功能?

_____

_____

(3) 常用低压电器设备装置通常由哪三大部分组成?

_____

_____

(4) 组合开关的用途有哪些,如何选用?

_____

_____

(5) 低压断路器有哪几个部分组成,在电路中起到什么保护作用?

_____

_____

(6) 交流接触器在电路中的作用?

_____

_____

(7) 交流接触器主要由哪几部分组成,其中哪些部分需接在线路中?

_____

_____

(8) 选用接触器主要考虑哪几个方面?

_____

_____

（9）为什么交流接触器的电压过高或过低都会造成线圈过热而烧毁？

_____

_____

（10）交流接触器铁芯中短路环起什么作用，交流接触器的灭弧罩损坏后还能否继续使用？

_____

_____

（11）认真观察按钮，按钮由哪几部分组成，写出启动按钮、停止按钮和复合按钮功能上的区别及各自的图形符号。说明常开触点和常闭触点的含义及表示方法。

_____

_____

_____

（12）中间继电器与接触器有哪些相同点，有哪些不同点？

_____

_____

（13）常用时间继电器有哪几种，图 1-2 所示分别属于哪一类型？

_____

_____

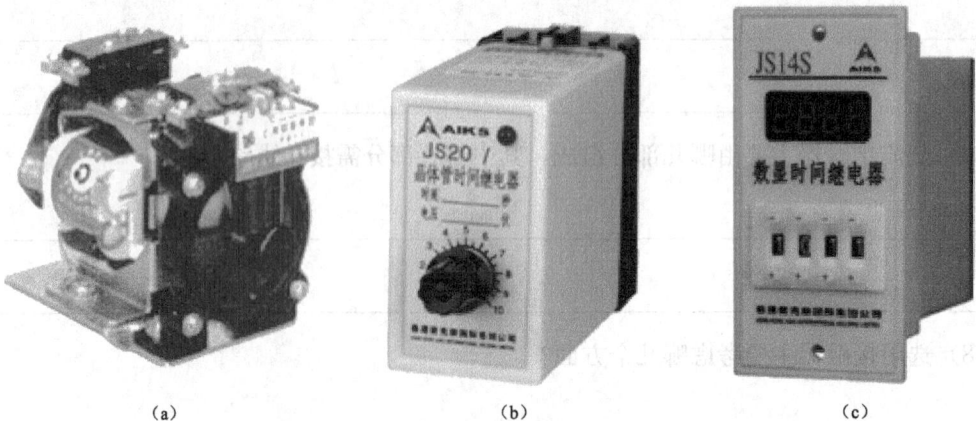

| (a) | (b) | (c) |

图 1-2　常用时间继电器

（a）_____；（b）_____；（c）_____

（14）空气阻尼式时间继电器是较常用的一种时间继电器，又称为气囊式时间继电器。观察空气阻尼式时间继电器外形，查阅相关资料，了解其结构组成，将图1-3补充完整。

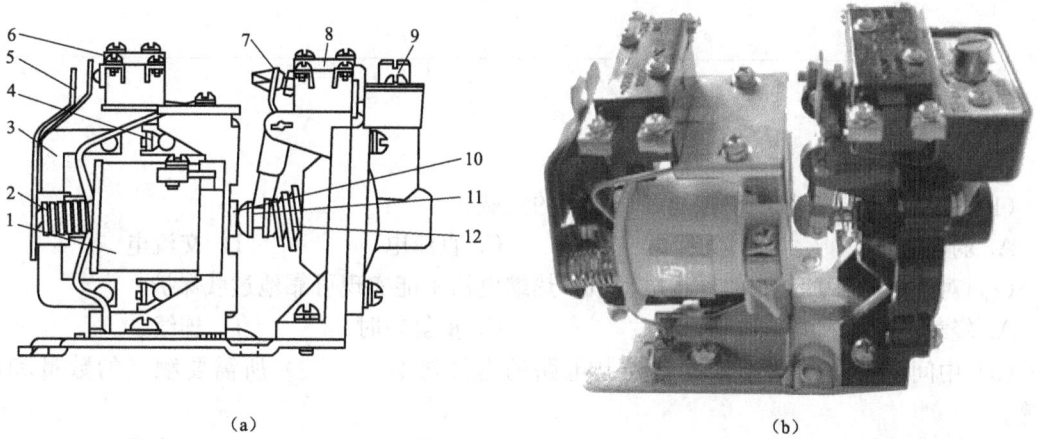

(a)　　　　　　　　　　　　　(b)

图1-3　空气阻尼式时间继电器

1—_____；2—_____；3—_____；4—_____；

5—_____；6—_____；7—_____；8—_____；

9—_____；10—_____；11—_____；12—_____

（15）根据触头延时的特点，空气阻尼式时间继电器可分为通电延时动作型和断电延时复位型两种。查阅相关资料，说明两者之间的区别。

_____

_____

（16）如何选用热继电器？

_____

_____

(17) 速度继电器的用途是什么？

四、考一考

1. 选择题

(1) 交流接触器一般用于控制（　　）的负载。

A. 弱电　　　　　　B. 无线电　　　　　　C. 直流电　　　　　　D. 交流电

(2) 对于（　　）工作的异步电动机，热继电器不能实现可靠地过载保护。

A. 轻载　　　　　　B. 半载　　　　　　C. 重复短时　　　　　　D. 连续

(3) 中间继电器的选用依据是控制电路的电压等级（　　）所需要触点的数量和容量等。

A. 电流类型　　　　B. 短路电流　　　　C. 阻抗大小　　　　D. 绝缘等级

(4) 对于环境温度变化大的场合，不宜选用（　　）时间继电器。

A. 晶体管式　　　　B. 电动式　　　　　C. 液体式　　　　　D. 手动式

(5) 用于指示电动机正处在旋转状态的指示灯颜色应选用（　　）。

A. 紫色　　　　　　B. 蓝色　　　　　　C. 红色　　　　　　D. 绿色

(6) 接近开关的图形符号中有一个（　　）。

A. 长方形　　　　　B. 平行四边形　　　C. 菱形　　　　　　D. 正方形

(7) 短路电流很大的电气线路中宜选用（　　）断路器。

A. 塑壳式　　　　　B. 限流型　　　　　C. 框架式　　　　　D. 直流快速

(8) 中间继电器一般用于（　　）中。

A. 网络电路　　　　B. 无线电路　　　　C. 主电路　　　　　D. 控制电路

(9) 下列器件中，不能用作三相异步电动机位置控制的是（　　）。

A. 磁性开关　　　　B. 行程开关　　　　C. 倒顺开关　　　　D. 光电传感器

(10) 交流接触器的作用是可以（　　）接通和断开负载。

A. 频繁地　　　　　B. 偶尔　　　　　　C. 手动　　　　　　D. 不需

(11) 热继电器的作用是（　　）。

A. 短路保护　　　　B. 过载保护　　　　C. 失压保护　　　　D. 零压保护

(12) 刀开关的文字符号是（　　）。

A. QS　　　　　　　B. SQ　　　　　　　C. SA　　　　　　　D. KM

(13) 熔断器的额定电压应（　　）线路的工作电压。

A. 远大于　　　　　B. 不等于　　　　　C. 小于等于　　　　D. 大于等于

(14) 断路器中过电流脱扣器的额定电流应大于等于线路的（　　）。

A. 最大允许电流　　B. 最大过载电流　　C. 最大负载电流　　D. 最大短路电流

(15) 拆卸交流接触器的一般步骤是（　　）。

A. 灭弧罩—主触头—辅助触头—动铁芯—静铁芯

B. 灭弧罩—主触头—辅助触头—静铁芯—动铁芯

C. 灭弧罩—辅助触头—动铁芯—静铁芯—主触头

D. 灭弧罩—主触头—动铁芯—静铁芯—辅助触头

(16) 电气控制线路中的停止按钮应选用（　　）颜色。

A. 绿　　　　　　　B. 红　　　　　　　C. 蓝　　　　　　　D. 黑

(17) 刀开关必须（　　）安装，合闸时手柄朝上。

A. 水平　　　　　　B. 垂直　　　　　　C. 悬挂　　　　　　D. 弹性

(18) 交流接触器的电磁机构主要由（　　）、铁芯和衔铁所组成。

A. 指示灯　　　　　B. 手柄　　　　　　C. 电阻　　　　　　D. 线圈

(19) 热继电器由热元件、触头系统、（　　）、复位机构和整定电流装置所组成。

A. 手柄　　　　　　B. 线圈　　　　　　C. 动作机构　　　　D. 电磁铁

(20)（　　）进线应该接在刀开关上面的进线座上。

A. 电源　　　　　　B. 负载　　　　　　C. 电阻　　　　　　D. 电感

(21)（　　）进线应该接在低压熔断器的上端。

A. 电源　　　　　　B. 负载　　　　　　C. 电阻　　　　　　D. 电感

(22) 控制按钮在结构上有（　　）、紧急式、钥匙式、旋钮式、带灯式等。

A. 按钮式　　　　　B. 电磁式　　　　　C. 电动式　　　　　D. 磁动式

(23) 安装螺旋式熔断器时，电源线必须接到瓷底座的（　　）接线端。

A. 左　　　　　　　B. 右　　　　　　　C. 上　　　　　　　D. 下

(24) 接触器安装与接线时应将螺钉拧紧，以防振动（　　）。

A. 短路　　　　　　B. 动作　　　　　　C. 断裂　　　　　　D. 松脱

(25) 用按钮控制设备的多种工作状态时，相同工作状态的按钮安装在（　　）。

A. 最远组　　　　　B. 最近组　　　　　C. 同一组　　　　　D. 不同组

(26) 漏电保护器（　　），应操作试验按钮，检查其工作性能。

A. 购买后　　　　　B. 购买前　　　　　C. 安装后　　　　　D. 安装前

(27) 行程开关的文字符号是（　　）。

A. QS　　　　　　　B. SQ　　　　　　　C. SA　　　　　　　D. KM

2. 判断题

(1)（　　）电磁脱扣器的瞬时脱扣整定电流应大于负载正常工作时可能出现的峰值电流。

(2)（　　）刀开关由进线座、静触头、动触头、出线座、手柄等组成。

(3)（　　）熔断器主要由铜丝、铝线和锡片三部分组成。

(4)（　　）交流接触器的选用，主要包括主触头的额定电压，额定电流吸引线圈的额定电流。

(5)（　　）热继电器热元件的整定电流一般调整到电动机额定电流的 0.95～1.05 倍。

(6)（　　）熔断器的作用是过载保护。

(7)（　　）中间继电器选用主要考虑触点的对数，触电的额定电压和电流线圈的额定电压。

工 学 评 价

小组评价表见表 1-5。

表 1-5　　　　　　　　　　小组评价表一

班级				指导老师	
组别				组长	
任务名称				日期	

评价内容	分值	评分		
		小组自评	小组互评	教师评价
分工表的合理性	5			
正确理解工作任务填写工作任务单	10			
工具清单是否正确完整	5			
典型低压电器归总表是否正确完整	10			
工作页完成情况	10			
能否描述低压电器的工作原理、性能指标、选用条件	20			
能否识读低压电器的符号	10			
能否独立完成考一考	10			
团队协作	10			
工作效率	10			
合计	100			
小组评分				

注　小组评分＝小组自评 20％＋小组互评 30％＋教师评价 50％。

学习活动三　制订工作计划，做出决策

工 学 目 标

(1) 能运用互联网和资料库制订工作任务内容和流程。
(2) 能掌握常用电工工具、仪表的使用方法。
(3) 能了解拆装、检测电器元件的基本步骤，根据任务要求，制订工作方案。
(4) 能以小组为单位完成小组评价、个人评价。
学时：1 学时。

工 学 过 程

一、准备工作
引导问题：
(1) 你是否能清晰地认识各种典型的低压配电电器？

_____

(2) 你是否会使用常用电工工具？

_____

(3) 你是否会使用万用表检测电器元件的好坏？

_____

(4) 你是否熟悉低压电器的结构？

_____

(5) 你是否了解拆装、检测电器元件的基本步骤？

_____

二、根据任务要求，制订工作流程
1. 制订工作流程

2. 小组分工

将小组分工填入表 1-9。

工 学 评 价

小组评价表见表 1-6。

表 1-6 　　　　　　　　　　　小 组 评 价 表 二

班级		指导老师	
组别		组长	
任务名称		日期	

评价内容	分值	评分		
		小组自评	小组互评	教师评价
活动二分工表的合理性	10			
工作计划制订的条理性、全面性、完整性、可行性	20			
拆电器时需要准备的工具，仪表的使用要求是否明确	10			
拆装、检测电器元件的基本步骤是否明确	20			
小组间答辩表现是否良好	10			
团队协作	20			
工作效率	10			
合计	100			
小组评分				

注　小组评分＝小组自评 20％＋小组互评 30％＋教师评价 50％。

学习活动四　实施计划并交付验收

工 学 目 标

（1）熟练使用电工工具拆装、检测典型低压电器。
（2）能通过拆装掌握典型低压电器结构及各元件所在的位置。
（3）能使用各种仪表检验组装好的低压电器。
（4）能总结典型低压电器拆装、使用注意事项。
（5）能总结安装典型低压电器后的整体检验注意事项。
（6）能归纳总结低压电器的故障原因（机械、触头、电气）。
（7）能学习交付验收、整理工作汇报资料。
（8）能按车间现场 6S 管理标准，正确布置工作环境。
学时：10 学时。

工 学 过 程

一、领取电器元件

小组派出一名组员根据材料清单（见表 1-7）去仓库领取元件。

表 1-7　　　　　　　　　　　材 料 清 单

序号	材料名称	代号	型号	规格	数量

二、预验电器元件

小组对所领取的电器元件进行预验，并记录检测元件步骤、方法及注意事项，对有故障的电器元件要备注。

预验电器元件的要素如下：

（1）检查电器铭牌与线圈的技术数据是否符合材料清单要求。

（2）检查电器外观，应无机械损伤；用力推动电器可动部分时，电器应动作灵活，无卡阻现象；有灭弧罩的电器，灭弧罩应完整无损，固定牢固。

（3）测量电器的线圈电阻和绝缘电阻是否符合要求，各触点之间接触是否良好。

（4）记录预验有问题的电器元件故障现象。

三、拆装电器元件

拆装主要电器元件要点如下：

（1）交流接触器的拆卸（见表 1-8）。

表 1-8　　　　　　　　　　　　交流接触器的拆卸过程

序号	操作步骤	拆装技巧	操作问题记录
1		松去灭弧罩紧固螺钉，取下灭弧罩	
2	倾斜45°	拉紧主触头定位的弹簧夹，取下主触头及主触头压力弹簧片。拆卸主触头时，必须将主触头横向旋转 45°后取下	
3		松去辅助常开静触头的线桩螺钉，取下常开静触头	

序号	操作步骤	拆装技巧	操作问题记录
4		松去接触器底部的盖板螺钉，取下盖板，在松盖板螺钉时，要用手按住盖板，并慢慢放松	
5	 短路环	取下静铁芯缓冲绝缘纸片、静铁芯及静铁芯支架，取下缓冲弹簧	
6	 线圈	拔出线圈接线端的弹簧夹片，取下线圈	
7		取下反作用弹簧，抽出动铁芯和支架	

序号	操作步骤	拆装技巧	操作问题记录
8	定位销	在支架上取下动铁芯定位销、动铁芯	

> **注意**
>
> 拆卸时，应备有盛放零件的容器，以免失落零件；拆装过程中，不允许硬撬，以免损坏电器。

（2）装配顺序应与拆卸顺序相反。

（3）各小组模仿交流接触器的拆卸，完成各电器元件拆卸。保留（图片、文字、录相），做成电子文档作业，可在成果中展示。

四、维修电器元件

（1）交流接触器的检修。

1）拆卸后用干净布蘸少许汽油擦去动、静铁芯端面上的油垢。

2）检查动、静铁芯吻合后，铁芯柱间是否留有 0.02～0.05mm 的气隙，否则应用锉刀修出气隙。

3）检查灭弧罩有无破裂或烧损，清除灭弧罩内的金属飞溅物和颗粒。

4）检查触头的磨损程度，磨损严重时应更换触头。若不需更换，则清除触头表面上烧毛的颗粒。

5）清除铁芯端面的油污，检查铁芯有无变形及端面接触是否平整。

6）检查触头压力弹簧和反作用弹簧是否变形或弹簧弹力不足，若有需要则更换弹簧。

> **注意**
>
> 用锉刀修正铁芯端面时，应以与铁芯硅钢片相平行的方向进行锉削。

（2）各小组通过网络及学材资源查询，以及在实际的维修过程积累，归纳出各电器元件检修的注意事项。

_____

_____

_____

_____

_____

五、验收电器元件

（1）拆装并检修交流接触器。

1）检查灭弧罩有无破裂或烧损，清除灭弧罩内的金属飞溅物。

2）检查触头的磨损程度，磨损严重时应更换触头。若不需要更换，则清除触头表面上烧毛的颗粒，如图 1-4（a）所示。

3）清除铁芯端面的油垢，检查铁芯有无变形及端面接触是否平整。铁芯端面的接触不良，常使动、静铁芯吸合不好，交流接触器发出"嗡嗡"的响声，严重时可能烧毁线圈，如图 1-4（b）所示。

4）检查触头压力弹簧及反作用弹簧是否变形或弹力不足，若有需要则更换弹簧。

检查触头压力方法：将一张小纸片放在交流接触器的动、静触头间，然后线圈通电吸合，用手拉住小纸条，若稍用力能将纸条拉出来，则触头压力合适，否则需要进行调整，如图 1-4（c）所示。

检查弹簧弹力方法：可以将反作用弹簧拆出来，从外表观察是否有变形，另外也可以用手压弹簧，感觉反作用力是否还比较强，若有变形或者太软，则考虑更换弹簧，如图 1-4（d）所示。

5）检查电磁线圈是否有短路、断路及发热变色现象。

① 首先将万用表转换开关调整到欧姆挡"×100"，然后将表笔短接，进行调零，如图 1-4（e）所示。

② 用万用表对电磁线圈的检测量方法：若读数过小为几欧姆或者为零，则线圈可能有匝间短路；若指针读数为无穷大，则可断定线圈断路，如图 1-4（f）所示。

6）用万用表欧姆挡检查线圈及各触头是否良好，并用手按主触头检查运动部分是否灵活，防止产生接触不良和有振动及噪声。

7）通电校验。接触器应固定在校验板上，必须在不大于 1min 内，连续进行 10 次断开与闭合试验，如 10 次试验全部成功则为合格。通电校验时，应有指导教师监护，以确保用电安全。

主触头

辅助触头

（a）

（b）

（c）

（d）

（e）

（f）

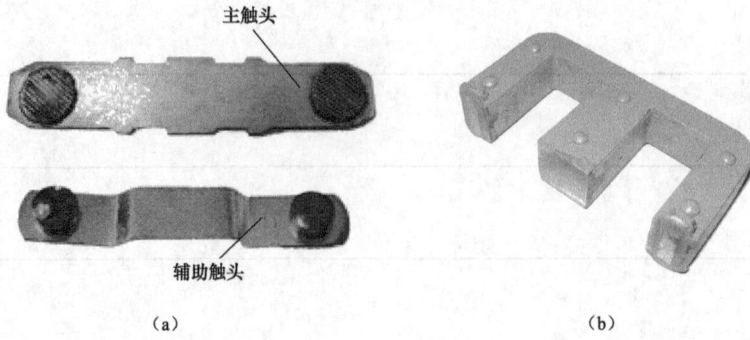

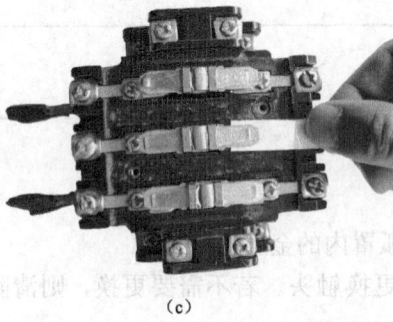

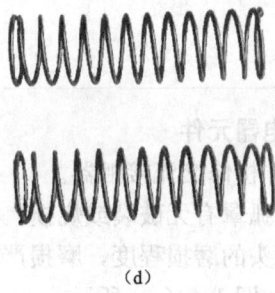

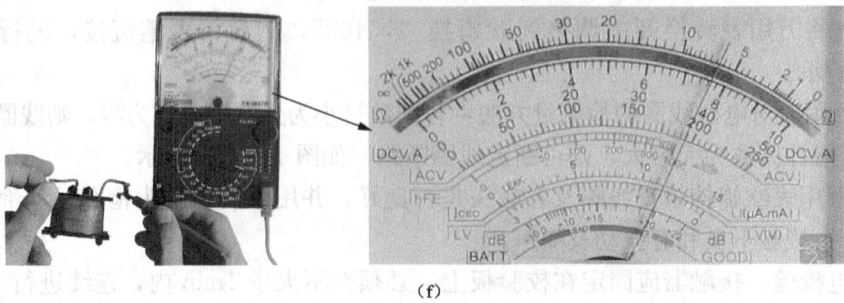

图 1-4　电器元件的验收

（2）热继电器的校验。

1）按图 1-5 所示电路连接好校验电路。将调压器的输出调到零位置。将热继电器置于手动复位状态，并将整定值旋钮置于额定值处。闭合电源开关 QS，指示灯 HL 亮。

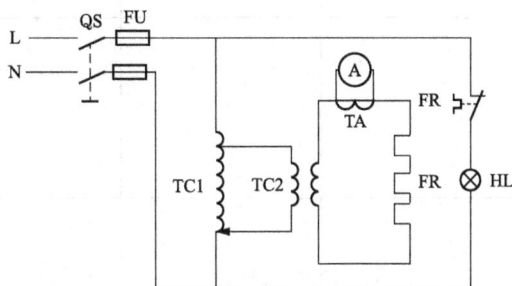

图 1-5　热继电器的校验

2）将调压变压器输出电压从零升高，使热元件通过的电流升至额定值，1h 内热继电器应不动作；若 1h 内热继电器动作，则应将调节旋钮向整定值大的方向旋动。

3）接着将电流升至 1.2 倍额定电流，热继电器应在 20min 内动作，指示灯 HL 熄灭；若 20min 内不动作，则应将调节旋钮向整定值小的位置旋动。

4）将电流降至零，待热继电器冷却并复位后，快速调升电流至 6 倍额定值，先分断 QS 再闭合，其动作时间应大于 5s。

（3）以小组为单位通过网络及学材资源查询各类典型低压电器的使用方法。总结在实际维修过程中其他低压电器的检测方法，可以用电子文档的形式展示。

_____

_____

_____

_____

_____

_____

_____

_____

（4）各小组讨论完成表 1-9，并进行展示。

表1-9 电器元件拆装维修过程表

元器件名称	工作内容	完成时间	注意事项	责任人	评分
	领取电器元件				
	预验电器元件				
	拆装电器元件				
	维修电器元件				
	验收电器元件				

元器件名称	工作内容	完成时间	注意事项	责任人	评分
	领取电器元件				
	预验电器元件				
	拆装电器元件				
	维修电器元件				
	验收电器元件				

元器件名称	工作内容	完成时间	注意事项	责任人	评分
	领取电器元件				
	预验电器元件				
	拆装电器元件				
	维修电器元件				
	验收电器元件				

续表

续表

元器件名称	工作内容	完成时间	注意事项	责任人	评分
	领取电器元件				
	预验电器元件				
	拆装电器元件				
	维修电器元件				
	验收电器元件				

工 学 评 价

小组评价表见表1-10。

表1-10　　　　　　　　　　　　小 组 评 价 表 三

评分指标	工作任务	评价内容	分值	小组自评	小组互评	企业兼职教师评价
行为指标	安全文明生产	是否遵守安装规则，是否按安全规程正确操作	5			
		工作岗位整洁，良好的工作习惯	5			
		所用工具的正确使用与维护保养	5			
技能指标	拆卸与装配	拆卸步骤及方法是否正确	10			
		拆装是否熟练	10			
		是否丢失零部件，是否损坏零部件	10			
		拆卸后能否正确组装	10			
	自检	万用表的使用是否熟练	5			
		自检方法步骤是否正确	10			
		触头系统是否完好无损	5			
		自检过程中是否产生故障	5			
情感指标	综合运用能力	团队协作	5			
		工作效率	10			
		知识或技能拓展能力	5			
合计			100			
小组评分						

注　小组评分＝小组自评20％＋小组互评30％＋兼职教师评价50％。

学习活动五　成　果　汇　报

工 学 目 标

（1）小组完成 PPT 的制作，全班展示、汇报学习成果。

（2）小组间进行相互学习交流，学会用 PPT 评价要点（主题、内容、结构、多种展示工具、界面）要求进行评价。

（3）小组成员运用一定的演讲技巧进行成果汇报。

（4）小组间进行相互学习交流，学会对演讲者进行评价。

学时：3 学时。

工 学 过 程

学生通过演示文稿、工作总结报告、录像等形式展示本学习任务所积累的工作经验、知识技能、工作过程、团队协作精神等。对学习与工作进行总结反思，向全班展示、汇报学习成果。

汇报内容要求：主题突出、内容完整、结构合理、逻辑顺畅、多种展示工具表示、整体界面美观、层次分明。

工 学 评 价

小组评价表见表 1-11。

表 1-11　　　　　　　　　　　　　　小组评价表四

班级		指导老师	
组别		组长	
任务名称		日期	

评价内容	分值	评分		
		小组自评	小组互评	教师评价
汇报作品主题突出、内容完整、结构合理、逻辑顺畅	20			
汇报作品整体界面美观，布局合理、文字清晰，字体设计恰当	10			

评价内容	分值	评分		
		小组自评	小组互评	教师评价
汇报作品中使用了文本、图片、表格、图表、图形、动画、音频、视频等表现工具；路径等特效运用得当，作品中可使用超链接或动作功能	10			
汇报作品原创成分高，具有鲜明的个性	20			
演讲技巧：普通话标准，口齿清晰，语言生动、形象；能准确、恰当地表达；动作、表情、能准确、直观、灵活地表达演讲内容和思想感情	20			
演讲效果：演讲精彩有力，具有强大的鼓舞性、激励性、说服力、感召力	10			
脱稿：表现熟练程度	10			
合计	100			
小组评分				

注 小组评分＝小组自评 20％＋小组互评 30％＋教师评价 50％。

学习活动六　综　合　评　价

工学目标

（1）小组讨论完善各个活动的小组评价表。

（2）小组长组织小组成员完成个人综合评价表的自评。

（3）小组长完成个人综合评价表的组评。

学时：1学时。

工学评价

个人综合评价表见表1-12。

表1-12　　　　　　　　　　　　　个人综合评价表

班级		指导老师	
组别		学号	
姓名		分数	
任务名称		日期	

评价项目	评价内容	评价标准	评价方式	
			自评30％	组评70％
职业素养	是否安全文明生产，是否完成工作任务	A. 自觉遵守安全规程正确操作，出色完成工作任务，能按车间现场6S管理标准正确布置工作环境 B. 遵守安全规程正确操作，较好完成工作任务，能按车间现场6S管理标准正确布置工作环境 C. 遵守安全规程没能完成工作任务，或完成工作任务，但不能按车间现场6S管理标准正确布置工作环境 D. 不遵守安全规程没有完成工作任务		
	学习考勤	A. 全勤 B. 没有缺勤或迟到早退不超过3次 C. 缺勤10％或迟到早退不超过6次 D. 缺勤30％或迟到早退6次以上		
	团队协作能力	A. 善于与同学沟通，团队协作能力强 B. 能与同学沟通，团队协作能力较强 C. 能与同学沟通，团队协作能力一般 D. 不能与同学沟通，团队协作能力较差		

评价项目	评价内容	评价标准	评价方式	
			自评 30%	组评 70%
专业能力	小组评价一：明确任务，查阅收集资料	A. 能按时完整地完成工作页，能清楚描述低压电器的功能、文字与图形符号、规格、电器选用方法和安装使用 B. 能按时完整地完成工作页，能较清楚描述低压电器的功能、文字与图形符号、规格、电器选用方法和安装使用 C. 未能按时完整地完成工作页，能大概描述低压电器的功能、文字与图形符号、规格、电器选用方法和安装使用 D. 不能完成工作页，不能描述低压电器的功能、文字与图形符号、规格、电器选用方法和安装使用		
	小组评价二：制订计划，做出决定	A. 能按时完整地完成工作页，明确拆装、检测电器元件的基本步骤、制订典型低压电器维护保养计划 B. 能按时完整地完成工作页，较明确装置的安装工艺要求，绘制图纸较准确 C. 不能按时完整地完成工作页，绘制图纸错误较多 D. 未完成工作页		
	小组评价三：实施计划并交付验收	A. 能按规范要求高效率完成小组分工任务，工作方法正确，工作过程清晰，技术娴熟，安全文明生产 B. 能完成小组分工任务，工作方法正确，工作过程清晰，技术过关，安全文明生产 C. 在小组成员的协助下完成小组分工任务，安全文明生产 D. 不能完成小组分工任务，不配合小组的帮助		
	小组评价四：成果汇报	A. 能高效率完成小组分工任务，会制作演示文稿、展板、海报、录像或熟练向全班展示、汇报学习成果 B. 能完成小组分工任务，会收集制作演示文稿、展板、海报、录像资料，积极协助完成汇报工作 C. 不能按时完成小组分工任务 D. 不能完成小组分工任务		
创新能力	工作学习过程中提出有创新性建议		加分	
评价等级计算方式	总分＝自评平均分 30%＋组评平均分 70% 其中，A＝90，B＝75，C＝60，D＝45			

学习任务二　星-三角减压启动器的安装与调试

工学目标

(1) 解读企业提供的图纸，明确任务要求。

(2) 以小组合作方式理解星-三角减压启动器目的、种类和工作原理。

(3) 以小组合作方式根据施工项目的实际情况制订合理的施工计划。

(4) 在教师指导下，以施工小组合作方式按照施工图纸完成图纸的安装。

(5) 按照电气施工要求对施工的项目进行验收。

(6) 按照 6S 管理规定，整理工具，清理施工现场。

(7) 以小组为单位完成小组评价、个人评价。

(8) 小组成员会通过演示文稿、展板、海报、录像等形式，向全班展示、汇报学习成果。

建议学时

20 学时。

工作情景描述

现接到珠江科技有限公司定制一批星-三角减压启动器，并提供了设计图纸。根据图纸的要求，学生在老师的指导下，结合现有的工作条件，选择元器件，并对照该图纸以小组工作的形式进行安装与调试。

工作过程与学习活动

(1) 接受工作任务，明确任务要求。

(2) 资料查询，获取信息。

(3) 制订工作计划，做出决策。

(4) 实施计划并交付验收。

(5) 成果汇报。

(6) 综合评价。

学习活动一　接受工作任务，明确任务要求

工 学 目 标

（1）能通过阅读工作任务单，明确工作要求。

（2）会填写工作任务单。

（3）培养学生分析问题、解决问题能力。

学时：1学时。

工 学 过 程

阅读工作任务，填写工作任务（见表2-1），说出本次任务的工作内容、时间要求及交接工作的相关单位等信息，并根据实际情况补充完整。

表 2-1

工 作 任 务 单

流水号：

生产地点		生产日期	
生产项目内容			
申报时间		完工时间	
申报单位		生产单位	
申报单位电话		生产单位电话	

学习活动二　资料查询，获取信息

工 学 目 标

（1）能正确描述星-三角减压启动器的功能、结构。
（2）能正确识读电气原理图，明确启动器的控制过程及该电路工作原理。
（3）能正确绘制布置图。
学时：3学时。

工 学 过 程

一、认识星-三角减压启动器

（1）星-三角减压启动器用途、功能有哪些？

_____

_____

_____

（2）叙述星-三角减压启动器生产企业及价格？（最少三家生产企业及报价）

_____

_____

（3）电动机的接线方式（见图2-1）。

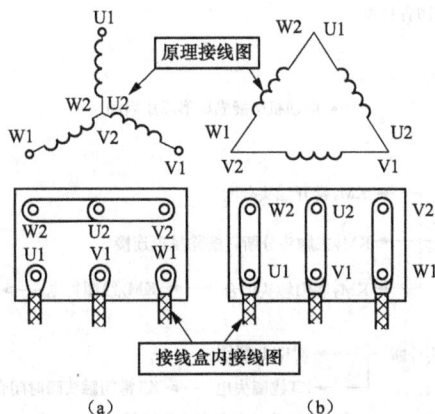

图 2-1　电动机接线图

图（a）中电动机接线方式是：_____。

图（b）中电动机接线方式是：_____。

二、识读电气原理图（见图 2-2）

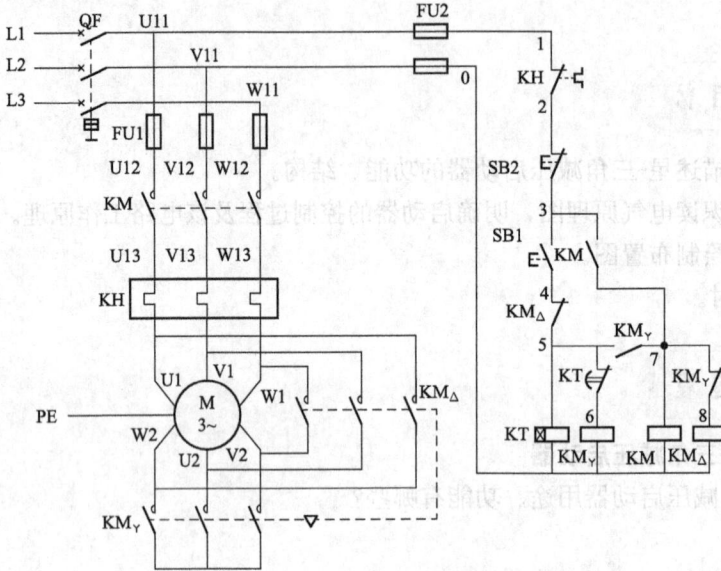

图 2-2　星-三角减压启动原理图

工作原理：

先合上总电源开关 QS，启动：

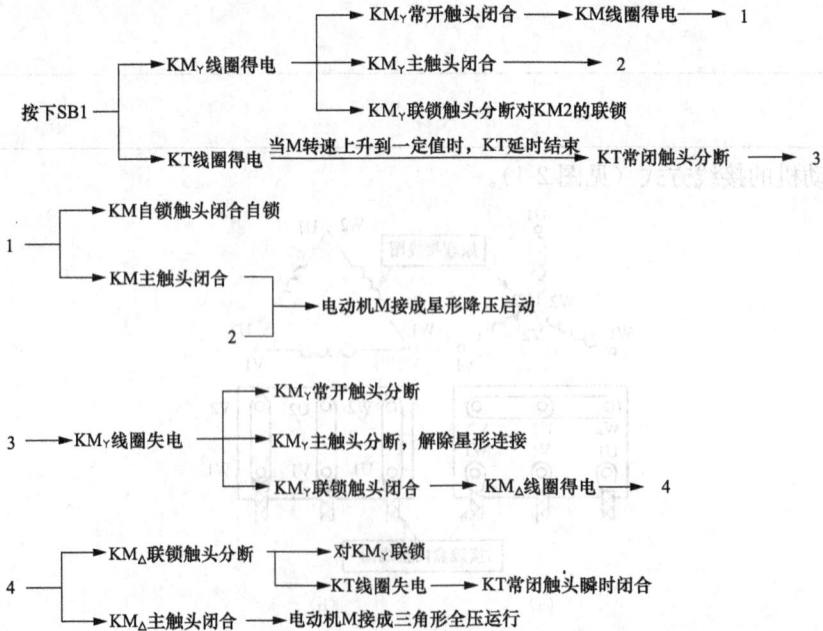

停止：

三、绘制元器件布置图

根据图 2-2 所示的电气原理图绘制星-三角减压启动器的元器件布置图。

四、考一考

（1）丫-△降压启动的指电动机启动时，把定子绕组连接成丫形，以降压启动电压，限制启动电流。待电动机启动后，再把定子绕组改成（　　）形，使电动机全压运行。

A. 丫丫　　　　　　B. 丫　　　　　　C. △△　　　　　　D. △

（2）一台电动机绕组是星形连接，接到线电压为 380V 的三相电源上，测得线电流为 10A，则电动机每相绕组的阻抗值为（　　）Ω。

A. 38　　　　　　　B. 22　　　　　　C. 66　　　　　　D. 11

（3）交流笼型异步电动机的启动方式有星-三角启动、自耦减压启动、定子串电阻启动和软启动等。从启动性能上讲，最好的是（　　）。

A. 星-三角启动　　B. 自耦减压启动　　C. 串电阻启动　　D. 软启动

工 学 评 价

  以小组为单位，展示本组认识星-三角减压启动器的工作原理以及制订的元件布置图，然后在教师点评的基础上对以上内容进行修改完善，并根据以下评分标准进行评分。小组评价表见表 2-2。

表 2-2   小 组 评 价 表 一

班级		指导老师		
组别		组长		
任务名称		日期		
评价内容	分值	评分		
		小组自评	小组互评	教师评价
工作页完成情况	20			
是否描述星-三角减压启动器用途、功能完整	20			
是否写出电动机的接线方式	10			
是否写出减压启动器生产企业及价格	10			
能否掌握电路工作原理	20			
团队协作	10			
工作效率	10			
合计	100			
小组评分				

  注 小组评分＝小组自评 20％＋小组互评 30％＋教师评价 50％。

学习活动三　制订工作计划，做出决策

工 学 目 标

（1）能合理确定人员分工。

（2）能准确列出电器元件及工具清单。

（3）根据任务要求和实际情况，合理地制订工序和工期安排。

学时：2学时。

工 学 过 程

根据施工现场的实际情况，查阅相关资料了解施工的基本步骤，制订本小组的工作计划。

一、确定人员分工

小组成员分工安排见表2-3。

表 2-3　　　　　　　　　　　小组成员分工安排表

项目：_____

组别：_____

组长：_____

组员：_____

序号	工作内容	负责人	评价
1			
2			
3			
4			
5			
6			
7			
8			

二、列出电器元件清单（见表 2-4）

表 2-4　　　　　　　　　　电 器 元 件 清 单

序号	元件名称	型号与规格	单位	数量	备注

三、写出工具清单（见表 2-5）

表 2-5　　　　　　　　　　工 具 清 单

序号	工具名称	单位	数量	备注

四、制订工序及工期安排（见表 2-6）

表 2-6　　　　　　　　　　工序及工期安排

序号	工作内容	完成时间	备注

五、列出安全生产规范

工 学 评 价

以小组为单位，展示本组制订的工作计划，然后在教师点评基础上对工作计划进行修改完善，并根据以下评分标准进行评分。学习活动过程评价见表 2-7。

表 2-7　　　　　　　　　　　学习活动过程评价表二

评价内容	分值	评分		
		小组自评	小组互评	教师评价
人员分工是否合理	10			
材料清单是否正确、完整	20			
工具清单是否正确、完整	10			
任务要求是否明确	20			
计划是否全面、完善	10			
计划制订是否有条理	20			
团队协作	10			
合计				
小组评分				

注　小组评分＝小组自评 20％＋小组互评 30％＋教师评价 50％。

学习活动四　实施计划并交付验收

工 学 目 标

（1）能正确安装星-三角减压启动器。

（2）能正确使用万用表进行线路检测，完成通电试车。

（3）能正确标注有关元件标签，施工后能按照 6S 管理规定清理施工现场。

学时：10 学时。

工 学 过 程

一、线路安装

1. 接线要点

（1）KT 瞬时触头和延时触头的辨别（用万用表测量确认）和接线。

（2）KM、KM△、KMγ 主触头的接线：注意要分清进线端和出线端。例如，接触器 KM 的进线必须从三相定子绕组的末端引入，若误将其首端引入，则在 KM 吸合时，会产生三相电源短路事故。

（3）控制线路中 KM 和 KMγ 触头的选择和 KT 触头及线圈之间的接线。

（4）电动机的接线端与接线排上出线端的连接。接线时要保证电动机三角形接法的正确性，即接触器 KM△ 主触头闭合时，应保证定子绕组的 U1 与 W2、V1 与 U2、W1 与 V2 相连接。

（5）启动器外部配线，必须按要求一律装在导线通道内，使导线有适当的机械保护，以防止液体、铁屑和灰尘的侵入。

2. 安全要求和注意事项

（1）用星-三角降压启动控制的电动机，必须有 6 个出线端且定子绕组在三角形接法时的额定电压等于电源线电压。

（2）接线时要保证电动机三角形接法的正确性，即接触器 KM△ 主触头闭合时，应保证定子绕组的 U1 与 W2、V1 与 U2、W1 与 V2 相连接。

（3）接触器 KMγ 的进线必须从三相定子绕组的末端引入，若误将其首端引入，则在 KMγ 吸合时，会产生三相电源短路事故。

（4）控制板外部配线，必须按要求一律装在导线通道内，使导线有适当的机械保护，以防止液体、铁屑和灰尘的侵入。在训练时可适当降低标准，但必须能确保安全为条件，例如采用多芯橡皮线或塑料护套软线。

（5）通电试车前要再检查一下熔体规格及时间继电器、热继电器的各整定值是否符合要求。

（6）通电试车必须有指导教师在现场监护，学生应根据电路图的控制要求独立进行试车，若出现故障也应自行排除。

(7) 安装训练应在规定定额时间内完成。同时要做到安全操作和文明生产。

3. 安装

安装过程中遇到了什么问题？是如何解决的？在表 2-8 中记录下来。

表 2-8　　　　　　　　　　　　安装过程记录表

问题情况	解决方法

4. 检查与调试

(1) 主电路。万用表置于 R×1 挡。

1) 按下 KM，表笔分别接在 U11—U1、V11—V1、W11—W1，这时表针指在零。

2) 按下 KM△，表笔分别接在 U1—W2、V1—U2、W1—V2，这时表针指在零。

3) 按下 KMγ，表笔分别接在 W2—U2、U2—V2、V2—W2，这时表针也指在零。

(2) 控制电路。万用表置于 R×100 或 R×1k 挡，表笔接在 FU2 的 1 和 0 位置。KM、KT 的线圈阻值在 2kΩ 左右。

1) 按下 SB1，表针指为 1kΩ 左右，同时按下 KT 一段时间，指针指为 2kΩ 左右。同时，按下 SB2 或者按下 KM△，指针指向∞。

2) 按下 KM，指针指为 1kΩ 左右，同时按下 SB2，指针指向∞。

3) 其他验证以此类推。

安装完毕，参考上面的方法进行直观检查和通电前的检查，然后再进行通电调试。线路接通后，是否正常工作？如果存在故障，在表 2-9 中记录故障现象，查阅相关资料，按照相应的检修方法进行检修。

表 2-9 　　　　　　　　　　　　　　　故 障 记 录 表

故障现象	故障原因	检修方法

注　在小组间交流讨论故障检修的过程，也将其他小组中有价值的故障检修经验填充记录在表中。

二、清理现场及交付验收

（1）施工结束后，应进行哪些现场清理工作？

（2）在验收阶段，各小组派出代表进行交叉验收，并填写详细验收记录（见表 2-10）。

表 2-10　　　　　　　　　　　　验 收 记 录 表

验收问题记录	整改措施	完成时间	备注

（3）以小组为单位认真填写星-三角减压启动器安装任务验收报告（见表 2-11），并将学习活动一中的工作任务单填写完整。

表 2-11　　　　　　　　　　　　　安装任务验收报告

生产项目名称			
建设单位		地址	
施工单位		地址	
项目负责人意见			
生产概况			
存在问题		完成时间	
改进建议			
验收结果			

工 学 评 价

以小组为单位，展示本组安装成果。根据表 2-12 所示评分标准进行评分。

表 2-12 学习活动过程评价表三

评价内容		分值	评分		
			小组自评	小组互评	企业兼职教师评价
元器件定位安装	安装方法、步骤正确，符合工艺要求	20			
	元器件安装美观、整洁				
布线	按电路图正确接线	40			
	布线方法、步骤正确，符合工艺要求				
	布线横平竖直、整洁有序，接线紧固美观				
	电源和电动机按钮正确接到端子排上，并准确注明引出端子号				
	接点牢固、接头漏铜长度适中，无反圈、压绝缘层、标记号不清楚、标记号遗漏或误标等问题				
	施工中导线绝缘层或线芯无损伤				
通电试车	设备正常运转无故障	30			
	出现故障正确排除				
安全文明生产	遵守安全文明生产规程	10			
	施工完成后认真清理现场				
合计		100			
小组评分					

施工额定用时：_____ 实际用时：_____ 超时扣分：_____

注 小组评分＝小组自评 20％＋小组互评 30％＋教师评价 50％。

学习活动五　成　果　汇　报

工 学 目 标

（1）能以小组合作方式，清晰汇报劳动成果。

（2）通过本项目能阐述学习收获。

（3）能发现完成项目中产生的问题并提出改进意见。

学时：3 学时。

工 学 过 程

以小组为单位，选择演示文稿、展板、海报、录像等形式中的一种或几种，向全班展示、汇报学习成果。

（1）通过本项目的安装过程学到了什么？

（2）展示最终完成的成果并说明它的工作原理。

（3）安装质量是否存在问题？如果有问题，是什么问题？是什么原因导致的？下次该如何避免？

工 学 评 价

以小组为单位，展示本组劳动成果，并根据表 2-13 所示评分标准进行评分。

表 2-13　　　　　　　　　　　学习活动过程评价表四

评价内容	分值	评分		
		小组自评	小组互评	教师评价
汇报成果是否完整	30			
语言表达是否清晰	20			
工作原理是否清晰	20			
展示方式是否新颖	20			
团队协作	10			
合计	100			
小组评分				

注　小组评分＝小组自评 20％＋小组互评 30％＋教师评价 50％。

学习活动六　综　合　评　价

工学目标

（1）小组讨论并完善各个活动的小组评价表。

（2）小组长组织小组成员完成个人综合评价表的自评。

（3）小组长完成个人综合评价表的组评。

学时：1学时。

工学评价

个人综合评价表见表 2-14。

表 2-14　　　　　　　　　　　个人综合评价表

班级		指导老师	
组别		学号	
姓名		分数	
任务名称		日期	

评价项目	评价内容	评价标准	评价方式	
			自评 30％	组评 70％
职业素养	是否安全文明生产，是否完成工作任务	A. 自觉遵守安全规程正确操作，出色完成工作任务，能按车间现场 6S 管理标准正确布置工作环境 B. 遵守安全规程正确操作，较好完成工作任务，能按车间现场 6S 管理标准正确布置工作环境 C. 遵守安全规程没能完成工作任务，或完成工作任务，但不能按车间现场 6S 管理标准正确布置工作环境 D. 不遵守安全规程没有完成工作任务		
	学习考勤	A. 全勤 B. 没有缺勤或迟到早退不超过 3 次 C. 缺勤 10％或迟到早退不超过 6 次 D. 缺勤 30％或迟到早退 6 次以上		
	团队协作能力	A. 善于与同学沟通，团队协作能力强 B. 能与同学沟通，团队协作能力较强 C. 能与同学沟通，团队协作能力一般 D. 不能与同学沟通，团队协作能力较差		

评价项目	评价内容	评价标准	评价方式	
			自评 30%	组评 70%
专业能力	小组评价一：明确任务，查阅收集资料	A. 能按时完整地完成工作页，能清楚描述线路原理图工作原理 B. 能按时完整地完成工作页，能较清楚描述线路原理图工作原理 C. 未能按时完整地完成工作页，能大概描述线路原理图工作原理 D. 不能完成工作页，不能描述线路原理图工作原理		
	小组评价二：制订计划，做出决定	A. 能按时完整地完成工作页，明确装置的安装工艺要求，绘制图纸准确 B. 能按时完整地完成工作页，较明确装置的安装工艺要求，绘制图纸较准确 C. 不能按时完整地完成工作页，绘制图纸错误较多 D. 未完成工作页		
	小组评价三：实施计划并交付验收	A. 能按规范要求高效率完成小组分工任务，工作方法正确，工作过程清晰，技术娴熟，安全文明生产 B. 能完成小组分工任务，工作方法正确，工作过程清晰，技术过关，安全文明生产 C. 在小组成员的协助下完成小组分工任务，安全文明生产 D. 不能完成小组分工任务，不配合小组的帮助		
	小组评价四：成果汇报	A. 能高效率完成小组分工任务，会制作演示文稿、展板、海报、录像或熟练向全班展示、汇报学习成果 B. 能完成小组分工任务，会收集制作演示文稿、展板、海报、录像资料，积极协助完成汇报工作 C. 不能按时完成小组分工任务 D. 不能完成小组分工任务		
创新能力	工作学习过程中提出有创新性建议		加分	
评价等级计算方式	总分＝自评平均分 30%＋组评平均分 70% 其中，A＝90，B＝75，C＝60，D＝45			

加油站一

电气原理图的绘制原则

1. 电气控制线路图

为了表达生产机械电气控制系统的结构、原理等设计意图，便于电气系统的安装、调试、使用和维修，将电气控制系统中各电器元件及其连接线路用一定的图形表达出来，这就是电气控制系统图。

2. 电气控制线路

用导线将电机、电器、仪表等元器件按一定的要求连接起来，并实现某种特定控制要求的电路。

3. 常用电气图形和文字符号

参见电气图形符号和文字符号的国家标准。

4. 电气原理图（绘图原则）

主电路：是电气控制线路中大电流通过的部分，包括从电源到电机之间相连的电器元件；一般由组合开关、主熔断器、接触器主触点、热继电器的热元件和电动机等组成。

辅助电路：是控制线路中除主电路以外的电路，其流过的电流比较小。辅助电路包括控制电路、照明电路、信号电路和保护电路。其中，控制电路是由按钮、接触器和继电器的线圈及辅助触点、热继电器触点、保护电器触点等组成。

（1）为了区别主电路与控制电路，在绘制线路图时主电路用粗线表示，而控制电路用细线表示。通常习惯将主电路放在线路图的左边而将控制电路放在右边（或下部）。

（2）在原理图中，控制线路中的电源线分列两边，各控制回路基本上按照各电器元件的动作顺序由上而下平行绘制。

（3）在原理图中各个电器并不按照它实际的布置情况绘制在线路上，而是采用同一电器的各部件分别绘制在它们完成作用的地方。

（4）为区别控制线路中各电器的类型和作用，每个电器及它们的部件用一定的图形符号表示，且给每个电器有一个文字符号，属于同一个电器的各个部件都用同一个文字符号表示；而作用相同的电器都用一定的数字序号表示。

（5）规定所有电器的触点均表示正常位置，即各种电器在线圈没有通电或机械尚未动作时的位置。

（6）为了查线方便。在原理图中两条以上导线的电气连接处要画一个圆点，且每个接点要标一个编号。编号的原则是：靠近左边电源线的用单数标注，靠近右边电源线的用双数标注。

（7）对于具有循环运动的机构，应给出工作循环图。

5. 电气安装接线图

一般情况下，电气安装图和原理图需配合起来使用。

绘制电气安装图应遵循的主要原则如下：

（1）必须遵循相关国家标准绘制电气安装接线图。

（2）各电器元器件的位置、文字符号必须和电气原理图中的标注一致，同一个电器元件的各部件（如同一个接触器的触点、线圈等）必须画在一起，各电器元件的位置应与实际安装位置一致。

（3）不在同一安装板或电气柜上的电器元件或信号的电气连接一般应通过端子排连接，并按照电气原理图中的接线编号连接。

（4）走向相同、功能相同的多根导线可用单线或线束表示。画连接线时，应标明导线的规格、型号、颜色、根数和穿线管的尺寸。

6. 电器元件布置图

电器元器件布置图的设计应遵循以下原则：

（1）必须遵循相关国家标准设计和绘制电器元件布置图。

（2）相同类型的电器元件布置时，应把体积较大和较重的电器元件安装在控制柜或面板的下方。

（3）发热的元器件应该安装在控制柜或面板的上方或后方，但热继电器一般安装在接触器的下面，以方便与电机和接触器的连接。

（4）需要经常维护、整定和检修的电器元件、操作开关、监视仪器仪表，其安装位置应高低适宜，以便工作人员操作。

（5）强电、弱电应该分开走线，注意屏蔽层的连接，防止干扰的窜入。

（6）电器元器件的布置应考虑安装间隙，并尽可能做到整齐、美观。

加油站二

电动机控制保护电器及导线的选用

一、电动机额定电流的速算速查

1. 电动机额定电流的对表速查

在实际工作中，往往由于电动机铭牌的损坏、丢失，或缺乏实用维修电工手册等资料，不能确切知道电动机的额定电流。现在使用电动机配用断路器、熔断器、接触器、电子型电动机保护器及导线选用速查表，根据电动机的额定容量，即可查出所对应的额定电流。例如，一台 Y132M-4 型 7.5kW 电动机，从速查表查得其额定电流为 15.4A。

2. 电动机额定电流的速算口诀及经验公式

（1）速算口诀：

电动机额定电流（A）："电动机功率加倍"，即"一个千瓦两安培"。通常指常用的 380V、功率因数在 0.8 左右的三相异步电动机，将千瓦数加一倍即电动机的额定电流。

（2）经验公式：

电动机额定电流（A）＝电动机容量（kW）×2

上述的速算口诀和经验公式的使用结果都是一致的，所算出的额定电流与电动机铭牌上的实际电流数值非常接近，符合实用要求。例如，一台 Y132S1-2 型 5.5kW 电动机，用速算口诀或经验公式算得其额定电流：5.5×2＝11A。

二、电动机配用断路器的选择

低压断路器一般分为塑料外壳式（又称装置式）和框架式（又称万能式）两大类。

断路器按用途可分为保护配电线路用、保护电动机用、保护照明线路用、漏电保护用等。

1. 电动机保护用断路器选用原则

(1) 长延时电流整定值等于电动机额定电流。

(2) 瞬时整定电流：对于保护笼型电动机的断路器，瞬时整定电流等于8～15倍电动机额定电流，取决于被保护笼型电动机的型号、容量和启动条件。对于保护绕线转子电动机的断路器，瞬时整定电流等于3～6倍电动机额定电流，取决于被保护绕线转子电动机的型号、容量及启动条件。

(3) 6倍长延时电流整定值的可返回时间大于或等于电动机的启动时间。按启动负载的轻重，可选用返回时间1、3、5、8、15s中的某一挡。

2. 断路器规格型号的对表速查

例如一台Y160M-4型11kW电动机，从速查表查得应配用DZ5-50型、热脱扣器额定电流为25A的断路器。

3. 断路器脱扣器整定电流的速算口诀

"电动机瞬动，千瓦20倍""热脱扣器，按额定值"。

上述口诀是指控制保护一台380V三相笼型电动机的断路器，其电磁脱扣瞬时动作整定电流，可按"千瓦数的20倍"选用。对于热脱扣器，则按电动机的额定电流选择。

三、电动机配用熔断器的选择

选择熔断器类别及容量时，要根据负载的保护特性、短路电流的大小和使用场合的工作条件。

大多数中小型电动机采用轻载全压或减压启动，启动电流一般为额定电流的5～7倍；电源容量较大，低压配电主变压器400～1000kVA（包括并列运行容量），系统阻抗小，当发生短路故障时，短路电流较大。

1. 熔体额定电流的对表速查

例如一台Y112M-2型4kW电动机，从速查表查得应配用RL1-60型熔断器，熔体额定电流为25A。

2. 熔体额定电流的经验公式

熔体额定电流（A）＝电动机额定电流（A）×3

3. 熔体额定电流的速算口诀

"熔体保护，千瓦乘6"。

该速算口诀，指的是一台380V笼型电动机，轻载全压启动或减压启动，操作频率较低。若实际使用的电动机启动频繁，或者启动时间长，则上述的经验公式或速算口诀所算的结果可适当加大一点，但又不宜过大。总之要达到，在电动机启动时，熔体不被熔断；在发生短路故障时，熔体必须可靠熔断，切断电源，以实现短路保护。

四、电动机配用接触器的选择

1. 接触器的选用原则

(1) 按使用类别选用。中小型工厂的生产实际，90kW及以下的笼型电动机占全厂电机总数的90%以上，基本属于按AC-3使用类别选用。

(2) 确定容量等级。

2. 接触器额定电流的对表速查

例如一台 Y180L-4 型 22kW 电动机，从速查表查得应配用 CF20-63 型接触器。该电机额定电流 42.5A，接触器额定电流 63A，按一般 AC-3 工作类别，该接触器可控制 380V 电动机功率为 30kW，现在控制 380V、22kW 电动机，属于降容使用，符合选用要求。

五、电动机配用电子型电动机保护器的选择

根据电动机的容量或额定电流，即可查出其配用的电子型电机保护器的规格型号。例如一台 Y180M-4 型 18.5kW 电动机，从速查表查得应配用 DBJ Ⅲ 型 9-45A 的电动机保护器，电动机额定电流 35.9A，在电动机保护器的电流调节范围以内，符合选用要求。

六、电动机配用导线的选择

速查表中所列导线基于以下条件：BV 型铜芯塑料线穿钢管的敷设方式；环境温度 40℃；0.75～22kW 电动机按轻载全压不频繁启动，30kW 及以上电动机按轻载降压不频繁启动；4 根导线穿钢管方式。

电动机配线口诀"1.5 加二，2.5 加三""4 后加四，6 后加六""25 后加五，50 后递增减五""百二导线，配百数"。该口诀是按三相 380V 交流电动机容量直接选配导线的。

"1.5 加二"表示 1.5mm² 的铜芯塑料线，能配 3.5kW 及以下的电动机。由于 4kW 电动机接近 3.5kW 的选取用范围，而且该口诀又有一定的余量，所以在速查表中 4kW 以下的电动机所选导线皆取 1.5mm²。"2.5 加三""4 后加四"，表示 2.5mm² 及 4mm² 的铜芯塑料线分别能配 5.5kW、8kW 电动机。

"6 后加六"，是指从 6mm² 的开始，能配"加大六"kW 的电动机。即 6mm² 的可配 12kW，选相近规格即配 11kW 电动机；10mm² 可配 16kW，选相近规格即配 15kW 电动机；16mm² 可配 22kW。这中间还有 18.5kW 电动机，也选 16mm² 的铜芯塑料线。

"25 后加五"，是说从 25mm² 开始，加数由六改为五了。即 25mm² 可配 30kW 的电动机。35mm² 可配 40kW，选相近规格即配 37kW 电动机。

"50 后递增减五"，是说从 50mm² 开始，由加大变成减小，而且是逐级递增减五的。即 50mm² 可配制 45kW 电动机（50－5）；70mm² 可配 60kW（70－10），选相近规格即配备 55kW 电动机。95mm² 可配 80kW（95－15），选相近规格即配 75kW 电动机。

"百二导线，配百数"，是指 120mm² 的铜芯塑料线可配 100kW 电动机，选相规格即 90kW 电动机。

学习任务三　CA6140 车床电气控制线路的安装与调试

工 学 目 标

（1）学生在教师的指导下，能够独立接受生产部门下达的任务单并能读懂任务单的内容，能明确工作任务单的任务要求。

（2）学生以工作小组的合作形式，通过上网查询、查阅图书获取识读控制电路原理图，绘制元件布置图、安装接线图等理论相关知识。

（3）学生在教师的指导下，以小组长为责任人，按照 CA6140 施工工序进行小组分工，制订初步工作任务的实施方案，经过小组认真讨论、修改，优化并确定实施方案。

（4）根据实施方案，各小组成员认真按照工作任务分工进行施工，完成并认真检查后，交付指导教师进行验收。

（5）按照 6S 管理规定，整理工具，清理施工现场。

（6）各小组把整个工作任务的学习收获，以 PPT 课件的形式进行成果汇报。

（7）以小组为单位完成小组评价、个人评价，指导老师对学生综合评价。

建 议 学 时

40 学时。

工 作 情 景 描 述

某机床厂接到客户 CA6140 车床的生产订单，需要生产若干台 CA6140 车床，该机床厂电装车间接到的 CA6140 车床电底板安装与调试的工作任务单，需要按照 CA6140 车床电气控制线路原理图及电底板的有效尺寸，绘制 CA6140 车床电气控制线路元件布置图、安装接线图，根据 CA6140 车床电气控制线路原理图调试 CA6140 车床的电底板，并根据 CA6140 车床电气控制功能进行调试。

工 作 过 程 与 学 习 活 动

（1）接受工作任务，明确任务要求。

（2）资料查询，获取信息。

（3）制订工作计划，做出决策。

（4）实施计划并交付验收。

（5）成果汇报。

（6）综合评价。

学习活动一　接受工作任务，明确任务要求

工学目标

(1) 根据学生的实际情况，进行科学合理的分组，一般以 6 名学生为一个学习小组，并安排一名学生为小组长。

(2) 学生能够独立接受生产部门下达的任务单并能读懂任务单的内容。

(3) 会填写工作任务单。

(4) 根据项目任务内容要求，列出 CA6140 车床电气控制线路的安装与调试电器元件清单。

学时：4 学时。

工学过程

一、学生分组及小组成员分工（实施组长责任制）

小组成员分工安排表见表 3-1。

表 3-1　　　　　　　　　　　小组成员分工安排表

项目：_____

组别：_____

组长：_____

组员：_____

序号	工作内容	负责人	评价
1			
2			
3			
4			
5			
6			
7			
8			

二、填写工作任务单

现接到生产部门下达的生产任务，要求生产任务要求，安装、调试20台CA6140车床的电气控制底板，现要求各组成员按工作任务的要求进行生产并交付验收。工作任务单见表3-2。

表3-2 　　　　　　　　　　工 作 任 务 单

安装地点			
安装项目			
需求原因			
申报时间		完工时间	
申报单位		安装单位	
申报人电话		安装单位电话	
验收意见		意见处理	
验收人 (指导老师)		验收人 电话	安装人 (组长)	安装人 电话

三、准备并填写工具仪表清单（见表3-3）

表3-3 　　　　　　　　　　工 具 仪 表 清 单

工具	
仪表	

四、列出CA6140车床电气控制线路的安装与调试电器元件清单（见表3-4）

表3-4 　　　　　　　　　　电 器 元 件 清 单 表

序号	名称	型号	规格	数量
1				
2				
3				
4				
5				
6				

学习活动二　资料查询，获取信息

工 学 目 标

（1）学生上网或查阅图书，掌握识读典型机床控制线路图的方法，并识读 CA6140 车床电气控制线路原理图。

（2）学生在指导老师的指导下，上网或查阅图书，学会分析典型机床控制线路工作原理的方法，并分析 CA6140 车床电气控制线路工作原理。

（3）学生在指导老师的指导下，绘制 CA6140 车床电气控制线路安装接线图。

学时：8 学时。

工 学 过 程

一、电气原理图相关知识

了解电路图中各图形符号及文字符号的相关国家标准，了解电路图绘制原则，能够正确掌握电路图的组成。

（1）什么是电气控制系统图？

（2）电气控制系统图一般有哪几种？

二、电气原理图的组成及绘图的原则

电气原理图采用电器元件展开的形式绘制而成，是利用各种电气符号、图形来表示系统中各电气设备、装置、元器件的连接关系的。电气符号包括文字符号、图形符号等，它们以文字和图形从不同角度为电气控制系统图提供了各种信息。

1. 电气原理图的图形、文字符号

电力拖动控制系统由拖动机器的电动机、电气控制电路等组成。为了表达电气控制系统的设计意图，便于分析其工作原理、安装、调试和检修控制系统，必须采用统一的图形符号和文字符号来表达。

（1）请查找出我国已颁布实施的电气图形和文字符号的有关国家标准，填入表 3-5。

表 3-5　　　　　　　　　　　　电气图形和文字符号的有关国家标准表

序号	标准名称	应用标准	颁布日期	备注

（2）电气图形符号包括哪几种？

（3）查找出 CA6140 车床电气控制线路原理图中有哪几种符号？

2. 电气原理图的绘图原则

三、典型机床电气控制系统分析步骤
在进行机床电气控制系统分析时，应注意哪些方面的内容。

四、分析 CA6140 车床电气控制线路原理（见图 3-1）

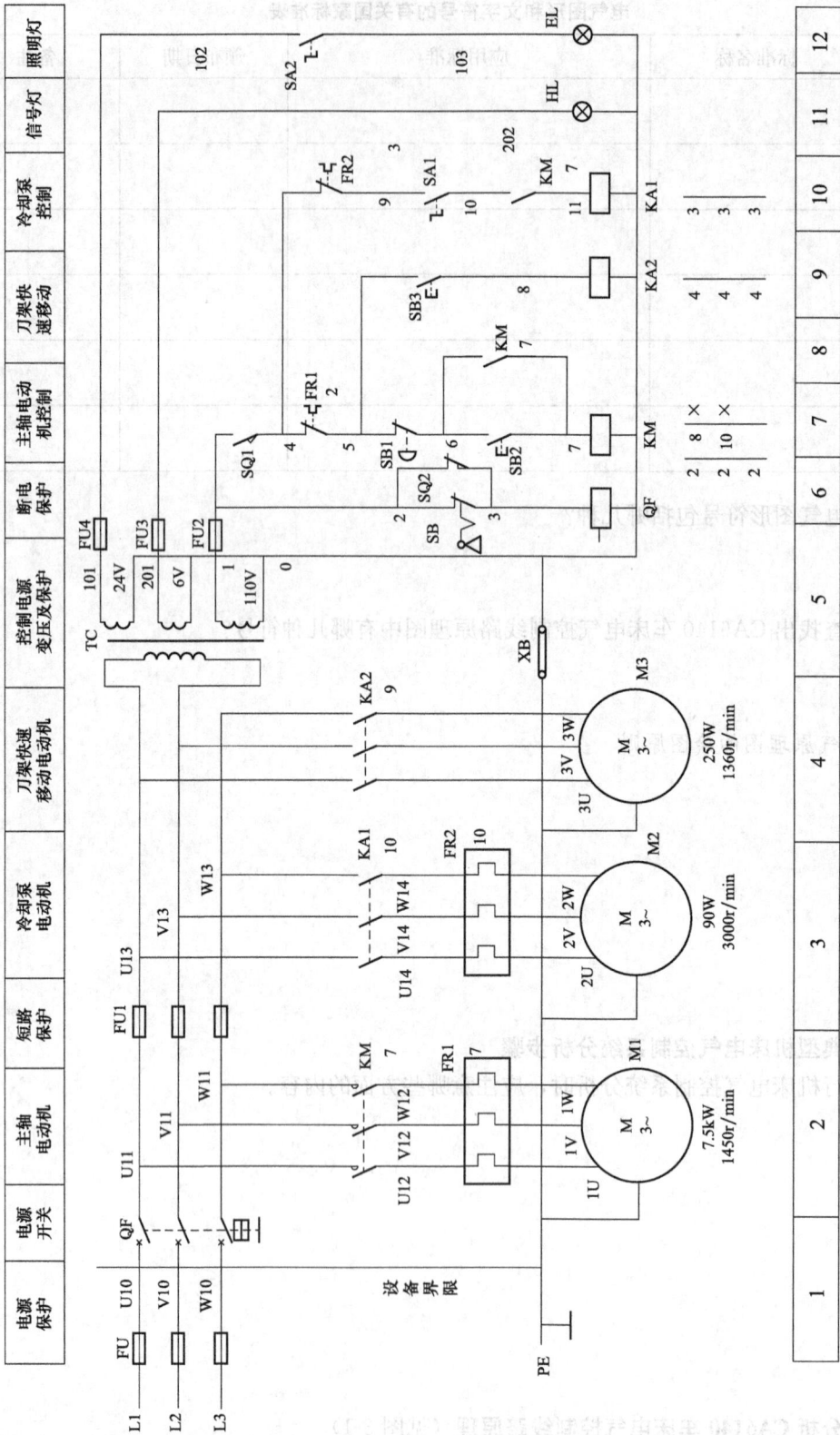

图 3-1　CA6140车床电气原理图

分析：

工 学 评 价

小组评价表见表 3-6。

表 3-6 　　　　　　　　　　　　小 组 评 价 表 一

班级				指导老师		
组别				组长		
任务名称				日期		
评价内容	分值	评分				
		小组自评	小组互评	教师评价		
识读电气原理图相关知识	20			得分	扣分项目分析：	
电气原理组组成部分	10			得分	扣分项目分析：	
绘图原则相关知识	30			得分	扣分项目分析：	
机床电气分析步骤	10			得分	扣分项目分析：	
阐述车床电气控制线路原理分析方法	10			得分	扣分项目分析：	
团队协作	10			得分	扣分项目分析：	
工作效率	10			得分	扣分项目分析：	
合计	100					
小组评分						

注 　小组评分＝小组自评 20％＋小组互评 30％＋教师评价 50％。

五、考一考

请根据如图3-2所示的C6150车床控制线路原理图并查阅相关资料，完成下面选择、判断题。

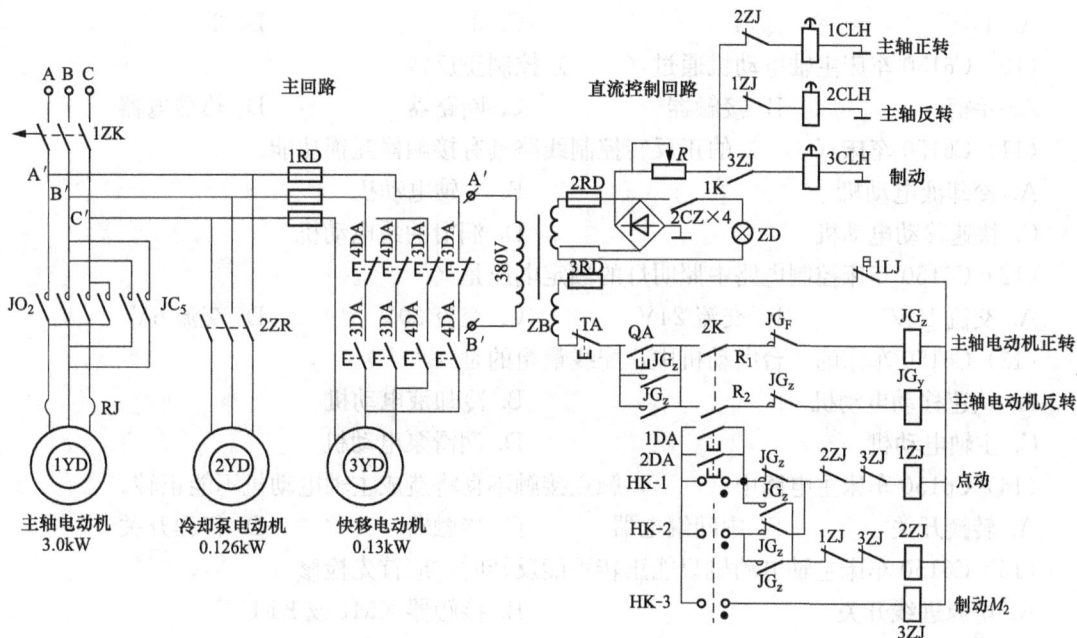

图3-2　C6150车床电气原理图

1. 选择题

(1) C6150车床控制电路中有（　　）普通按钮。

A. 2个　　　　　　　B. 3个　　　　　　　C. 4个　　　　　　　D. 5个

(2) C6150车床控制电路中变压器安装在配电板的（　　）。

A. 左方　　　　　　B. 右方　　　　　　C. 上方　　　　　　D. 下方

(3) C6150车床主轴电动机反转、电磁离合器YC1通电时，主轴转向为（　　）。

A. 正转　　　　　　B. 反转　　　　　　C. 高速　　　　　　D. 低速

(4) C6150车床（　　）的正反转控制线路具有中间继电器互锁功能。

A. 冷却液电动机　　　B. 主轴电动机　　　C. 快速移动电动机　　D. 主轴

(5) C6150车床其他正常，而主轴无制动时，应重点检修（　　）。

A. 电源进线开关　　　　　　　　　B. 接触器KM1和KM2的常闭触点

C. 控制变压器TC　　　　　　　　D. 中间继电器KM1和KM2的常闭触点

(6) C6150车床快速移动电动机通过（　　）控制正反转。

A. 三位置自动复位开关　　　　　　B. 两个交流接触器

C. 两个低压断路器　　　　　　　　D. 三个热继电器

(7) C6150车床的照明灯为了保证人身安全，配线时要（　　）。

A. 保护接地　　　　B. 不接地　　　　C. 保护接零　　　　D. 装漏电保护器

(8) C6150 车床主电路有电，控制电路不能工作时，应首先检修（　　）。

A. 电源进线开关　　　　　　　　　　B. 接触器 KM1 或 KM2

C. 控制变压器 TC　　　　　　　　　　D. 三位置自动复位开关 SA1

(9) C6150 车床主电路中有（　　）台电动机需要正反转。

A. 1　　　　　　　B. 4　　　　　　　C. 3　　　　　　　D. 2

(10) C6150 车床主轴电动机通过（　　）控制正反转。

A. 手柄　　　　　　B. 接触器　　　　　C. 断路器　　　　　D. 热继电器

(11) C6150 车床（　　）的正反转控制线路具有接触器互锁功能。

A. 冷却液电动机　　　　　　　　　　B. 主轴电动机

C. 快速移动电动机　　　　　　　　　D. 润滑油泵电动机

(12) C6150 车床控制电路中照明灯的额定电压是（　　）。

A. 交流 10V　　　　B. 交流 24V　　　　C. 交流 30V　　　　D. 交流 6V

(13) C6150 车床的 4 台电动机中，配线最粗的是（　　）。

A. 快速移动电动机　　　　　　　　　B. 冷却液电动机

C. 主轴电动机　　　　　　　　　　　D. 润滑泵电动机

(14) C6150 车床主电路中（　　）触点接触不良将造成主轴电动机不能正转。

A. 转换开关　　　　B. 中间继电器　　　C. 接触器　　　　　D. 行程开关

(15) C6150 车床主轴电动机只能正转不能反转时，应首先检修（　　）。

A. 电源进线开关　　　　　　　　　　B. 接触器 KM1 或 KM2

C. 三位置自动复位开关 SA1　　　　　D. 控制变压器 TC

(16) C6150 车床 4 台电动机都缺相无法启动时，应首先检修（　　）。

A. 电源进线开关　　　　　　　　　　B. 接触器 KM1

C. 三位置自动复位开关 SA1　　　　　D. 控制变压器 TC

(17) C6150 车床的 4 台电动机中，配线最粗的是（　　）。

A. 快速移动电动机　　　　　　　　　B. 冷却液电动机

C. 主轴电动机　　　　　　　　　　　D. 润滑泵电动机

(18) C6150 车床主电路有点，控制电路不能工作时，应首先检修（　　）。

A. 电源进线开关　　　　　　　　　　B. 接触器 KM1 或 KM2

C. 控制变压器 TC　　　　　　　　　　D. 三位置自动复位开关 SA1

(19) C6150 车床 4 台电动机都缺相无法启动时，应首先检修（　　）。

A. 电源进线开关　　　　　　　　　　B. 接触器 KM1

C. 三位置自动复位开关 SA1　　　　　D. 控制变压器 TC

(20) C6150 车床主电路中（　　）台电动机需要正反转。

A. 1　　　　　　　B. 4　　　　　　　C. 3　　　　　　　D. 2

(21) C6150 车床主电路中（　　）台电动机需要正反转。

A. 1　　　　　　　B. 4　　　　　　　C. 3　　　　　　　D. 2

(22) C6150 车床控制电路中的中间继电器 KA1 和 KA2 常闭触点故障时会造成（　　）。

A. 主轴无制动　　　　　　　　　　　B. 主轴电动机不能启动

C. 润滑油泵电动机不能启动　　　　　D. 冷却液电动机不能启动

2. 判断题

(1)（ ）C6150 车床电气控制线路中的变压器安装在配电板外。

(2)（ ）C6150 车床的主电路中有 4 台电动机。

(3)（ ）C6150 车床主电路中接触器 KM1 触电接触不良将造成主轴电动机不能反转。

（1）（　）C8.E0（主图是主轴间是中可变图滑轮等整需电机机）

（2）（　）Ca150 车床是主电路中有 1 台电动机。

（3）（　）Ca150 车床在主电路电动机无转由转动出到电不能反转。

学习活动三　制订工作计划，做出决策

工 学 目 标

（1）上网或查阅图书，了解典型机床电气线路的安装与调试的工艺流程。

（2）学生在老师的指导下，编制 CA6140 车床电气控制线路的安装工序。

（3）学生在老师的指导下，编制 CA6140 车床电气控制线路的调试工序。

（4）学生在老师的指导下，根据编制 CA6140 车床电气控制线路的安装与调试的工序，安排好小组各成员的分工，制订分工表。

（5）开展组内讨论，优化并确定 CA6140 车床电气控制线路安装与调试的工序。

（6）学生在老师的指导下，编写实施的注意事项。

学时：8 学时。

工 学 过 程

（1）上网或查阅图书，了解典型机床电气线路的安装与调试的工艺流程，填写 CA6140 车床电气线路的安装工艺流程图（见图 3-3）。

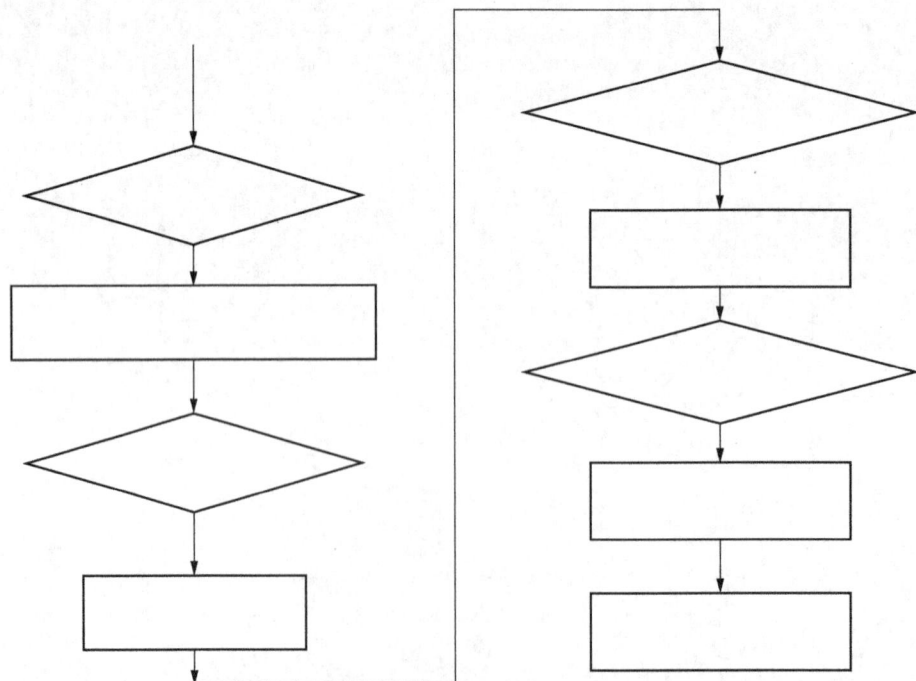

图 3-3　CA6140 车床电气线路的安装工艺流程图

（2）小组讨论设计编制调试 CA6140 车床电气控制线路的工艺流程图。

（3）安排好小组各成员的分工，制订分工表（见表 3-7）。

表 3-7   小组成员分工安排表

任务： _____

组别： _____

组长： _____

小组成员： _____

序号	工作流程	分工	责任人
1			
2			
3			
4			
5			
6			

（4）开展组内讨论，优化 CA6140 车床电气控制线路安装与调试的工序，填入图 3-4。

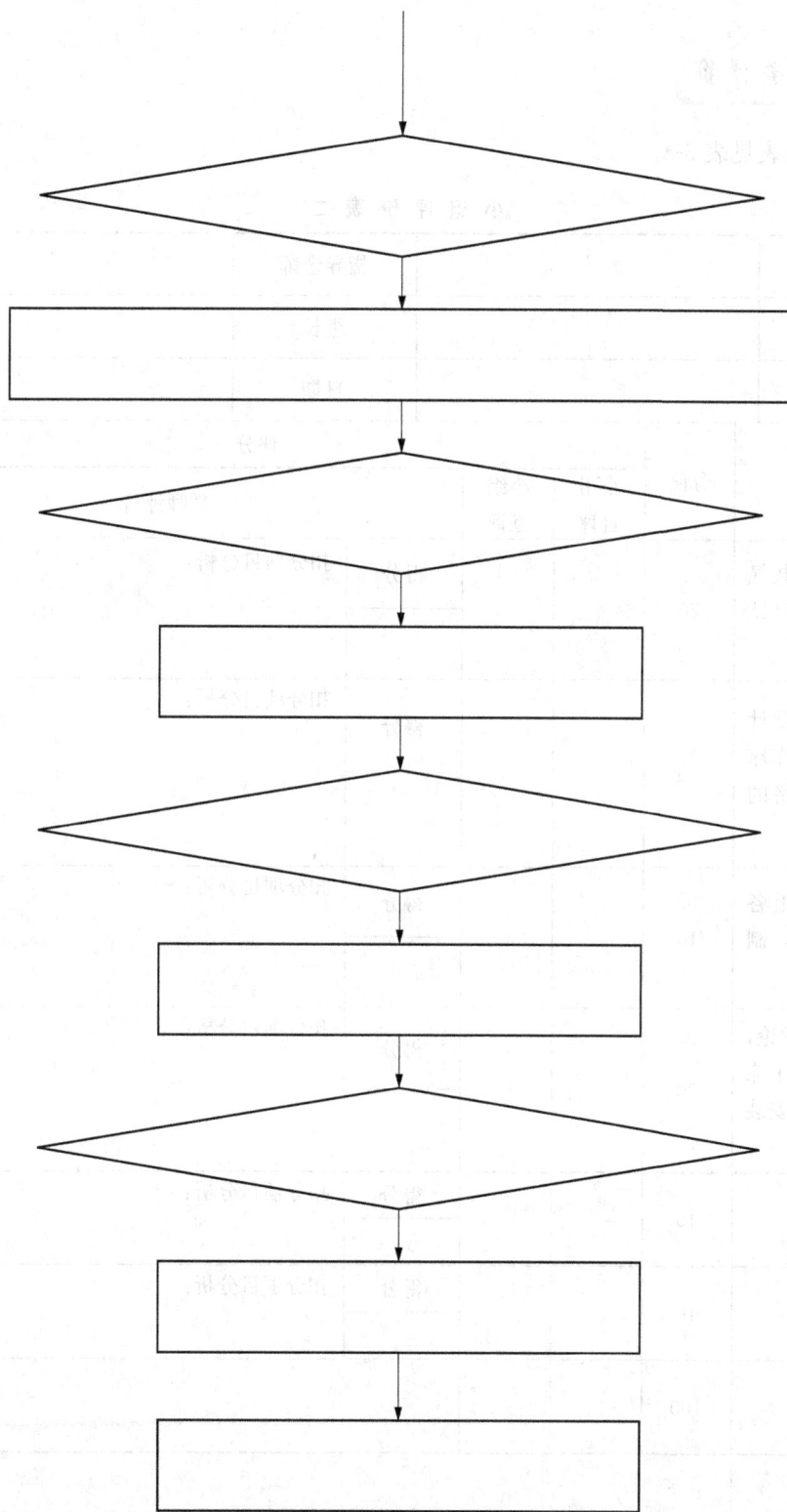

图 3-4　优化 CA6140 车床电气控制线路安装与调试的工序

工 学 评 价

小组评价表见表 3-8。

表 3-8　　　　　　　　　　　　**小 组 评 价 表 二**

班级		指导老师	
组别		组长	
任务名称		日期	

评价内容	分值	评分		
		小组自评	小组互评	教师评价
典型机床电气线路安装与调试的工艺流程	20			得分　扣分项目分析：
小组讨论设计编制 CA6140 车床电气控制线路的工艺流程图	30			得分　扣分项目分析：
安排好小组各成员的分工，制订分工表	10			得分　扣分项目分析：
开展组内讨论，优化 CA6140 车床电气控制线路安装与调试的工序	20			得分　扣分项目分析：
团队协作	10			得分　扣分项目分析：
工作效率	10			得分　扣分项目分析：
合计	100			
小组评分				

注　小组评分＝小组自评 20％＋小组互评 30％＋教师评价 50％。

学习活动四　实施计划并交付验收

工 学 目 标

（1）学生在老师的指导下，根据 CA6140 车床电气控制线路的元件布置图，实施元件检测与安装。

（2）学生在老师的指导下，根据 CA6140 车床电气控制线路的安装接线图及控制线路原理，实施线路安装。

（3）学生在老师的指导下，根据 CA6140 车床电气控制线路的工作原理，进行通电前检测。

（4）学生在老师的指导下，编写 CA6140 车床电气控制线路的调试过程。

（5）学生在老师的指导下，编写 CA6140 车床电气控制线路的交付验收单。

学时：16 学时。

工 学 过 程

（1）学生在老师的指导下，根据 CA6140 车床电气控制线路的元件布置图，实施元件检测与安装。

1）绘制 CA6140 车床电气控制线路的元件布置图。

2）编制元件检测注意事项。

3）编制元件安装步骤。

（2）根据 CA6140 车床电气控制线路的安装接线图及控制线路原理，实施线路安装，记录安装过程。（图片的形式记录）

（3）根据 CA6140 车床电气控制线路的工作原理，进行通电前检测，编制检测步骤。（流程图的形式）

（4）学生在老师的指导下，编写 CA6140 车床电气控制线路的调试过程。（流程图的形式）

（5）编写 CA6140 车床电气控制线路的交付验收单。（小组讨论制订）

（4）学生在老师的指导下，借助 CA6140 卧式车床电气原理图进行计算。（略看图面见文）

工 学 评 价

小组评价表见表 3-9。

表 3-9　　　　　　　　　　小 组 评 价 表 三

班级				指导老师		
组别				组长		
任务名称				日期		

评价内容	分值	评分				
		小组自评	小组互评	教师评价		
实施元件检测与安装	20			得分	扣分项目分析：	
记录安装过程	30			得分	扣分项目分析：	
编制检测步骤	10			得分	扣分项目分析：	
调试过程	20			得分	扣分项目分析：	
交付验收单	10			得分	扣分项目分析：	
团队合作，工作效率	10			得分	扣分项目分析：	
合计	100					
小组评分						

注　小组评分＝小组自评 20％＋小组互评 30％＋教师评价 50％。

学习活动五　成　果　汇　报

工 学 目 标

（1）CA6140 车床电气控制线路安装与调试项目学习过程的 PPT 汇报。

（2）CA6140 车床电气控制线路安装与调试项目的实物成果汇报展示。

学时：3 学时。

工 学 过 程

（1）根据 CA6140 车床电气控制线路安装与调试项目学习过程制作 PPT。

（2）以小组为单位，进行成果汇报。（汇报材料）

工 学 评 价

小组评价表见表 3-10。

表 3-10　　　　　　　　　　　　小组评价表四

班级		指导老师	
组别		组长	
任务名称		日期	

评价内容	分值	评分		
		小组自评	小组互评	教师评价
汇报作品主题突出、内容完整、结构合理、逻辑顺畅	20			
汇报作品整体界面美观，布局合理、文字清晰，字体设计恰当	10			
汇报作品中使用了文本、图片、表格、图表、图形、动画、音频、视频等表现工具；路径等特效运用得当，作品中可使用超链接或动作功能	10			

评价内容	分值	评分		
		小组自评	小组互评	教师评价
汇报作品原创成分高，具有鲜明的个性	20			
演讲技巧：普通话标准，口齿清晰，语言生动、形象；能准确、恰当地表达；动作、表情、能准确、直观、灵活地表达演讲内容和思想感情	20			
演讲效果：演讲精彩有力，具有强大的鼓舞性、激励性、说服力、感召力	10			
脱稿：表现熟练程度	10			
合计	100			
小组评分				

注 小组评分＝小组自评 20％＋小组互评 30％＋教师评价 50％。

学习活动六　综　合　评　价

工 学 目 标

（1）小组讨论完善各个活动的小组评价表。

（2）小组长组织小组成员完成个人综合评价表的自评。

（3）小组长完成个人综合评价表的组评。

学时：1学时。

工 学 评 价

个人综合评价表见表 3-11。

表 3-11　　　　　　　　　　　　　　　个人综合评价表

班级				指导老师		
组别				学号		
姓名				分数		
任务名称				日期		

评价项目	评价内容	评价标准	评价方式	
			自评 30％	组评 70％
职业素养	是否安全文明生产，是否完成工作任务	A. 自觉遵守安全规程正确操作，出色完成工作任务，能按车间现场 6S 管理标准正确布置工作环境 B. 遵守安全规程正确操作，较好完成工作任务，能按车间现场 6S 管理标准正确布置工作环境 C. 遵守安全规程没能完成工作任务，或完成工作任务，但不能按车间现场 6S 管理标准正确布置工作环境 D. 不遵守安全规程没有完成工作任务		
	学习考勤	A. 全勤 B. 没有缺勤或迟到早退不超过 3 次 C. 缺勤 10％或迟到早退不超过 6 次 D. 缺勤 30％或迟到早退 6 次以上		

续表

评价项目	评价内容	评价标准	评价方式	
			自评 30%	组评 70%
职业素养	团队协作能力	A. 善于与同学沟通，团队协作能力强 B. 能与同学沟通，团队协作能力较强 C. 能与同学沟通，团队协作能力一般 D. 不能与同学沟通，团队协作能力较差		
专业能力	小组评价一：资料查询，获取信息	A. 能按时完整地完成工作页，能清楚描述线路图工作原理，明确装置的安装工艺要求，绘制图纸准确 B. 能按时完整地完成工作页，能较清楚地描述线路图工作原理，明确装置的安装工艺要求，绘制图纸较准确 C. 未能按时完整地完成工作页，能大概描述线路图工作原理，绘制图纸错误较多 D. 不能完成工作页，不能描述线路图工作原理		
	小组评价二：制订计划，做出决定	A. 能按规范要求高效率完成小组分工任务，工作方法正确，工作过程清晰，技术娴熟，安全文明生产 B. 能完成小组分工任务，工作方法正确，工作过程清晰，技术过关，安全文明生产 C. 在小组成员的协助下完成小组分工任务，安全文明生产 D. 不能完成小组分工任务，不配合小组的帮助		
	小组评价三：实施计划并交付验收	A. 能按规范要求高效率完成小组分工任务，工作方法正确，工作过程清晰，技术娴熟，安全文明生产 B. 能完成小组分工任务，工作方法正确，工作过程清晰，技术过关，安全文明生产 C. 在小组成员的协助下完成小组分工任务，安全文明生产 D. 不能完成小组分工任务，不配合小组的帮助		
	小组评价四：成果汇报	A. 能高效率完成小组分工任务，会制作演示文稿、展板、海报、录像或熟练向全班展示、汇报学习成果 B. 能完成小组分工任务，会收集制作演示文稿、展板、海报、录像资料，积极协助完成汇报工作 C. 不能按时完成小组分工任务 D. 不能完成小组分工任务		
创新能力	工作学习过程中提出有创新性建议		加分	
评价等级计算方式	总分＝自评平均分 30%＋组评平均分 70% 其中，A＝90，B＝75，C＝60，D＝45			

学习任务四　Z3050 摇臂钻床电气控制线路的安装与调试

工学目标

（1）能通过阅读工作任务单和对 Z3050 钻床进行现场检查，明确工作要求。

（2）查阅相关学习资料，向同伴正确叙述 Z3050 钻床的结构、作用、运动特点。

（3）明确新接触的 Z3050 钻床的低压电器符号，电气原理、根据旧机床绘制出电气安装图、列出元器件、控制柜、电动机等安装位置，确保正确连接线路。

（4）利用相关资源及工具，进一步识别和选用元器件，核查其型号与规格是否符合图纸要求，并进行外观性能检查。与小组成员合作制订 Z3050 钻床组装计划。

（5）小组协作执行组装计划，能按图纸、工艺要求、安全规范和设备要求，准备相关工具，安装元器件并接线，实现电气线路的正确连接。

（6）能使用各种仪表检验组装好的 Z3050 钻床电气控制部分，能按照安全操作规程工艺要求编写电气调试方案，确保正确通电试车，并交付使用。

（7）按照 6S 管理规定，整理工具，清理施工现场。能根据行业企业文化要求填写工程项目看板，保证项目安装进度、质量的时效性，确保工程项目保质保量按时完成。

（8）以小组为单位完成小组评价、个人评价。

（9）小组成员会通过演示文稿、展板、海报、录像等形式，向全班展示、汇报学习成果。

建议学时

40 学时。

工作情景描述

校企合作厂有六台 Z3050 钻床，因长期使用其电气控制部分严重老化，需要重新组装电气控制部分，要求电气班接到此任务后在规定的时间完成 Z3050 钻床电气控制线路的安装与调试，交有关人员验收。电气班接到任务单后，按工作任务要求完成相关工作。

工作过程与学习活动

（1）接受工作任务，明确任务要求。

（2）资料查询，获取信息。

（3）制订工作计划，做出决策。

（4）实施计划并交付验收。

（5）成果汇报。

（6）综合评价。

学习活动一 接受工作任务，明确任务要求

工学目标

(1) 能通过阅读工作任务单，明确工作要求。

(2) 会填写工作任务单。

(3) 查阅相关学习资料，向同伴正确叙述 Z3050 的结构、作用、运动特点。

学时：2 学时。

工学过程

一、阅读工作任务单，根据实际情况填写（见表 4-1）

表 4-1   工 作 任 务 单

安装项目名称			
安装过程中出现的故障现象			
故障排除记录			
安装工时		实际工时	
派单单位		电话	
安装单位		电话	
验收部门		电话	
验收意见			签字：

二、观察机床设备，认识 Z3050 摇臂钻床

钻床是一种孔加工设备，可以用来钻孔、扩孔、铰孔、攻螺纹、修刮端面等多种形式的加工。按用途和结构分类，钻床可以分为立式钻床、台式钻床、多孔钻床、摇臂钻床、其他专用钻床等。在各类钻床中，摇臂钻床操作方便、灵活，适用范围广，具有典型性，特别适用于单件或批量生产带有多孔大型零件的孔加工，是一般机械加工车间常见的机床。

（1）根据用途和结构钻床主要分为哪几类？

（2）请查阅相关资料，认识 Z3050 钻床的结构并在图 4-1 所示的空白框中填写相应部件名称。

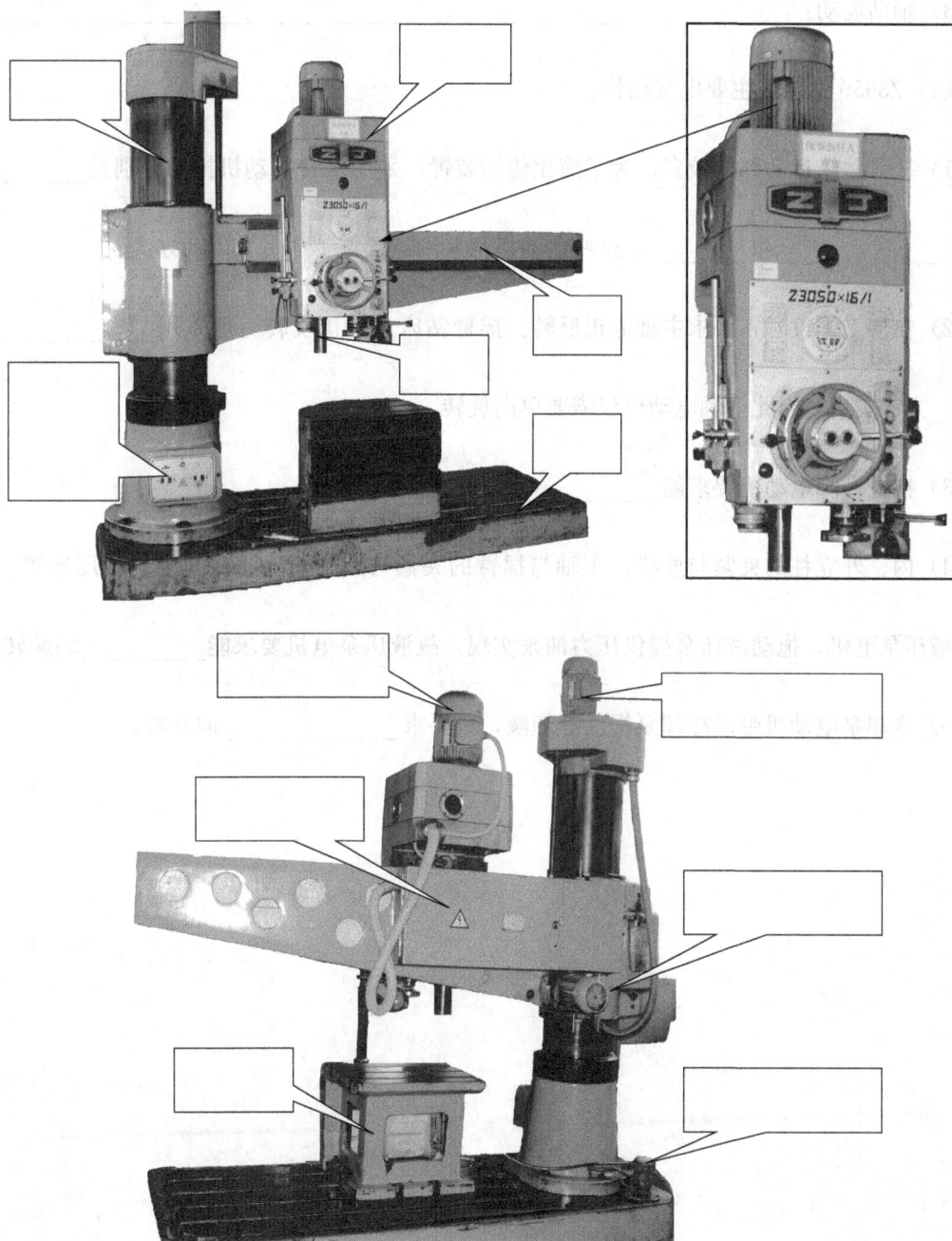

图 4-1　Z3050 钻床结构

（3）描述 Z3050 摇臂钻床的运动形式。

1）主运动：_____

2）进给运动：_____

3）辅助运动：_____

（4）Z3050 钻床的主要电气结构。

1）摇臂钻床运动部件较多，为了简化传动装置，采用多台电动机拖动分别是_____、

_____、_____和_____，这些电动机都采用_____启动方式。

2）在加工螺纹时，要求主轴能正反转。摇臂钻床主轴正反转一般采用_____

_____方法实现，因此主轴电动机仅需要单向旋转。

3）摇臂升降电动机要求能_____向旋转。

4）内、外立柱的夹紧与放松、主轴与摇臂的夹紧与放松由于采用机械、液压装置，则

备有液压泵电机，拖动液压泵提供压力油来实现，故液压泵电机要求能_____向旋转。

5）冷却泵电动机带动冷却泵提供冷却液，只要求_____向旋转。

学习活动二　资料查询，获取信息

工 学 目 标

（1）识读电动机正反转控制电路线路图，明确连锁概念。

（2）识读新接触的 Z3050 摇臂钻床的低压电器符号、电气原理，并在小组进行宣讲。

（3）各小组根据所收集的资料配合完成工具仪表清单、材料清单。

（4）能以小组协作方式完成工作页。

（5）能以小组为单位完成小组评价、个人评价。

学时：6 学时。

工 学 过 程

一、识读电气原理图

（1）图 4-2 所示为接触器连锁的正反转控制原理图，识读电路图，在小组进行宣讲，并回答以下问题。

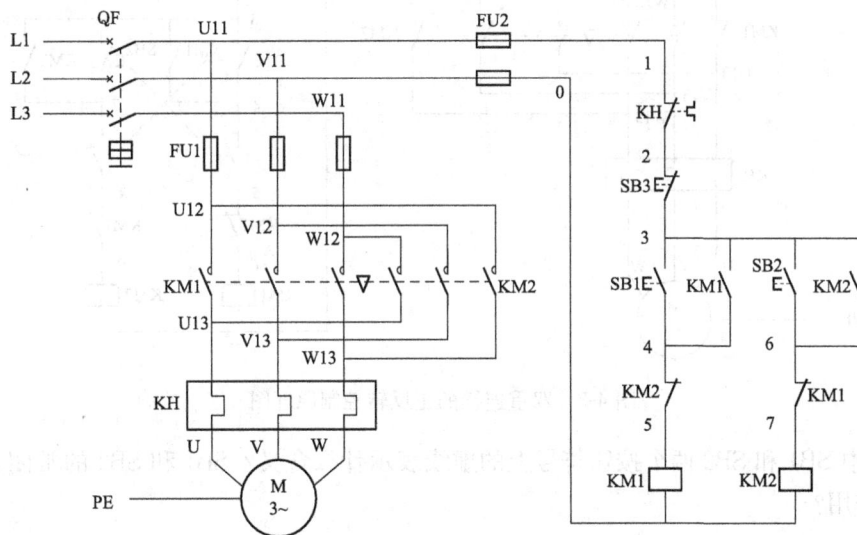

图 4-2　接触器连锁的正反转控制原理图

1）笼形异步电动机是怎样实现由正转变为反转的？

_____

_____

2）电路中 KM1、KM2 常闭点起什么作用？如果没有它们或将其位置对调，可能造成什么后果？

_____

_____

3）主电路中 KM1 和 KM2 之间的倒三角形是代表什么意思？

_____

_____

（2）图 4-3 所示为双重连锁的正反转控制原理图，识读电路图，在小组进行宣讲，并回答以下问题。

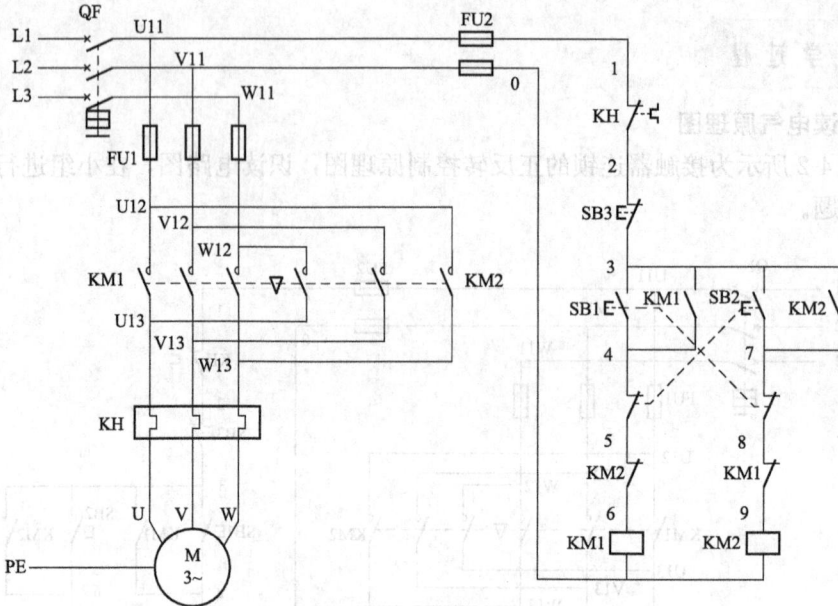

图 4-3　双重连锁的正反转控制原理图

1）图中 SB1 和 SB2 两个按钮符号上的虚线表示什么含义？SB1 和 SB2 的常闭点在电路中所起的作用？

_____

_____

2）在电路中双重连锁比接触器连锁有什么优点？

_____

（3）根据 Z3050 摇臂钻床的电气控制原理图（见附图 1～附图 3 和图 4-4）识读电路图，回答以下问题。

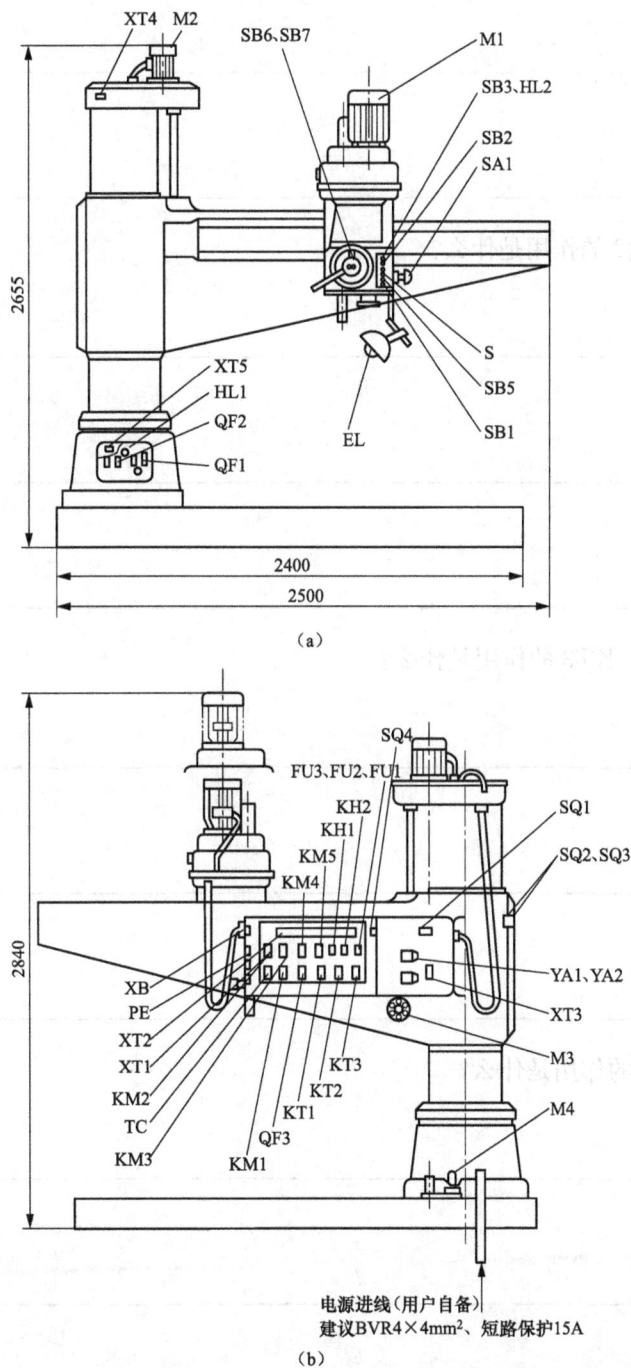

（a）

电源进线（用户自备）
建议 BVR4×4mm²、短路保护 15A

（b）

图 4-4　Z3050 摇臂钻床的电气位置图

1）门控开关 SQ4（11 区）的作用是什么？

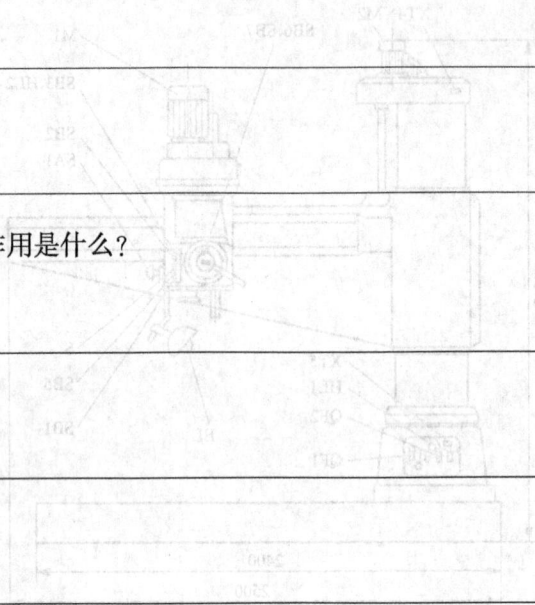

_____

_____

2）行程开关 SQ2 的作用是什么？

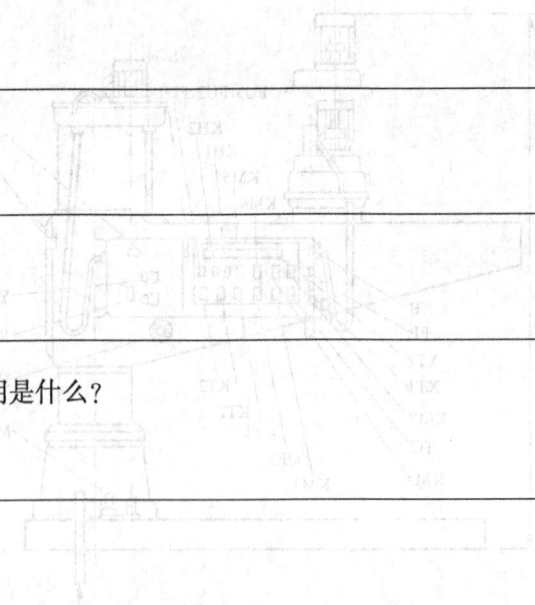

_____

_____

3）KT1、KT2、KT3 的作用是什么？

_____

_____

4）YA1、YA2 的作用是什么？

_____

_____

5）摇臂上升控制如图 4-5 所示，试分析摇臂下降控制。

摇臂上升控制：

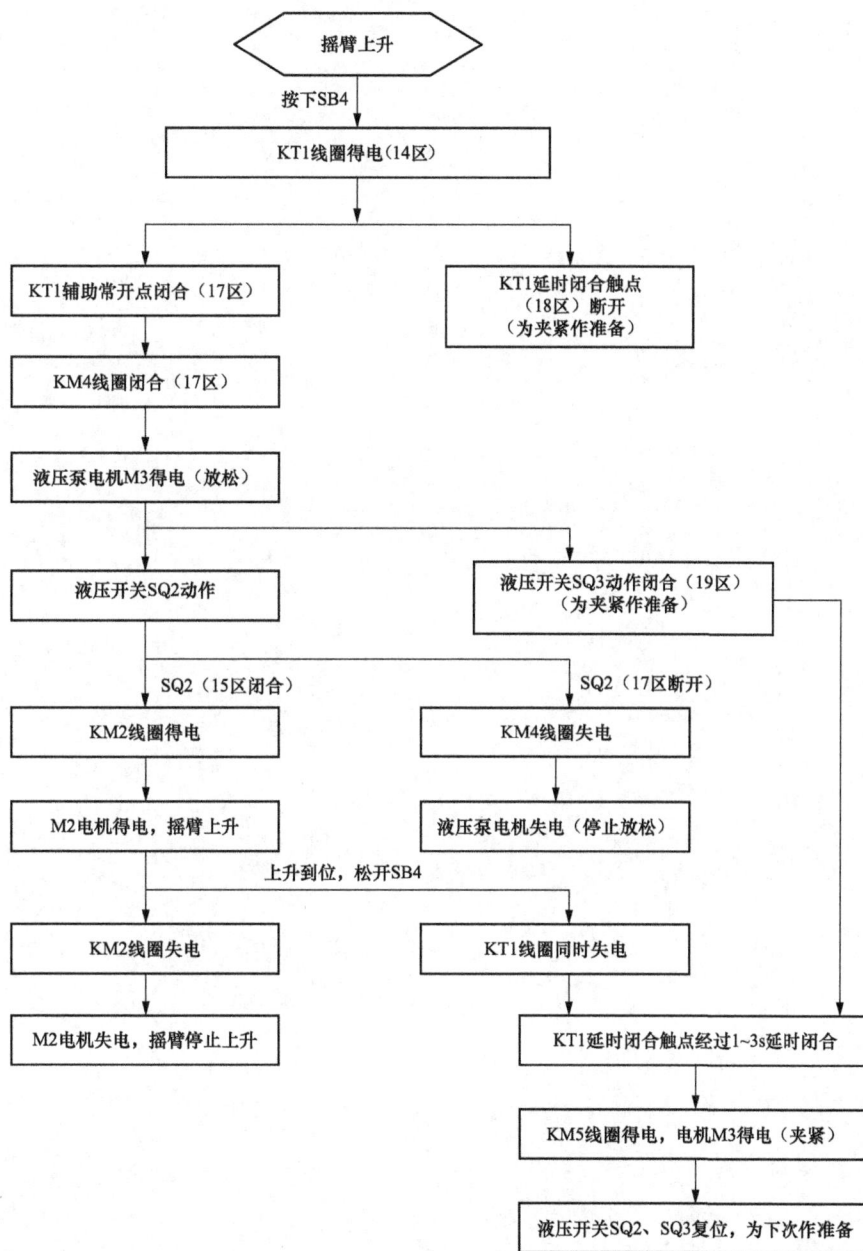

图 4-5 摇臂上升控制

摇臂下降控制：

（4）小组成员合作制订 Z3050 摇臂钻床组装计划。

1）项目小组成员分工安排表见表 4-2。

表 4-2　　　　　　　　　　　　　　　小组成员分工安排表

项目：_____

组别：_____

组长：_____

组员：_____

序号	工作内容	负责人	评分
1			
2			
3			
4			
5			
6			
7			
8			

2）各小组根据所收集的资料配合完成工具仪表清单、材料清单，见表 4-3 和表 4-4。

表 4-3　　　　　　　　　　　　　　　工 具 仪 表 清 单

工具	
仪表	

表 4-4　　　　　　　　　　　　　　　材料清单

代号	名称	型号	规格	数量	用途
M1					
M2					
M3					
M4					

续表

代号	名称	型号	规格	数量	用途
KM1					
KM2～KM5					
FU1～FU3					
KT1、KT2					
KT3					
KH1					
KH2					
QF1					
QF2					
QF3					
YA1、YA2					
TC					
SB1					
SB2					
SB3					
SB4					
SB5					
SB6					
SB7					
SQ1					
SQ2、SQ3					
SQ4					
SA1					
HL1					
HL2					
EL					

二、考一考

请根据图 4-6 所示的 Z3040 钻床原理图分析其控制原理，自行查询 Z3040 钻床结构特征、运动过程，并完成以下选择题和判断题。

电源开关及保护	冷却泵电动机	主轴电动机	摇臂升降电动机	液压泵电动机

（a）

控制变压器	指示灯	照明灯	主轴电动机启动	摇臂上升	摇臂下降	主轴箱和立柱松开	主轴箱和立柱夹紧	电磁阀控制

（b）

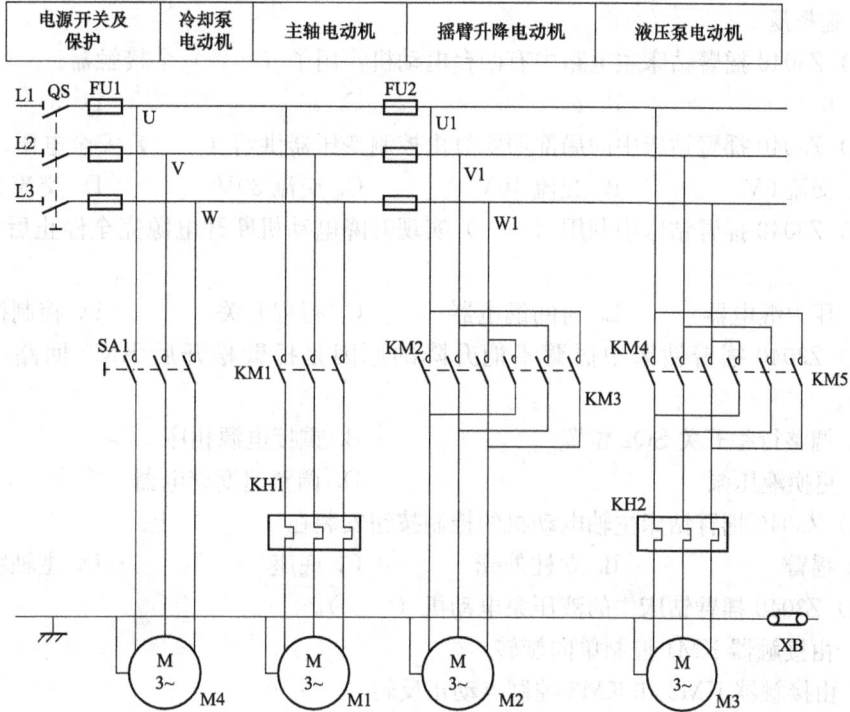

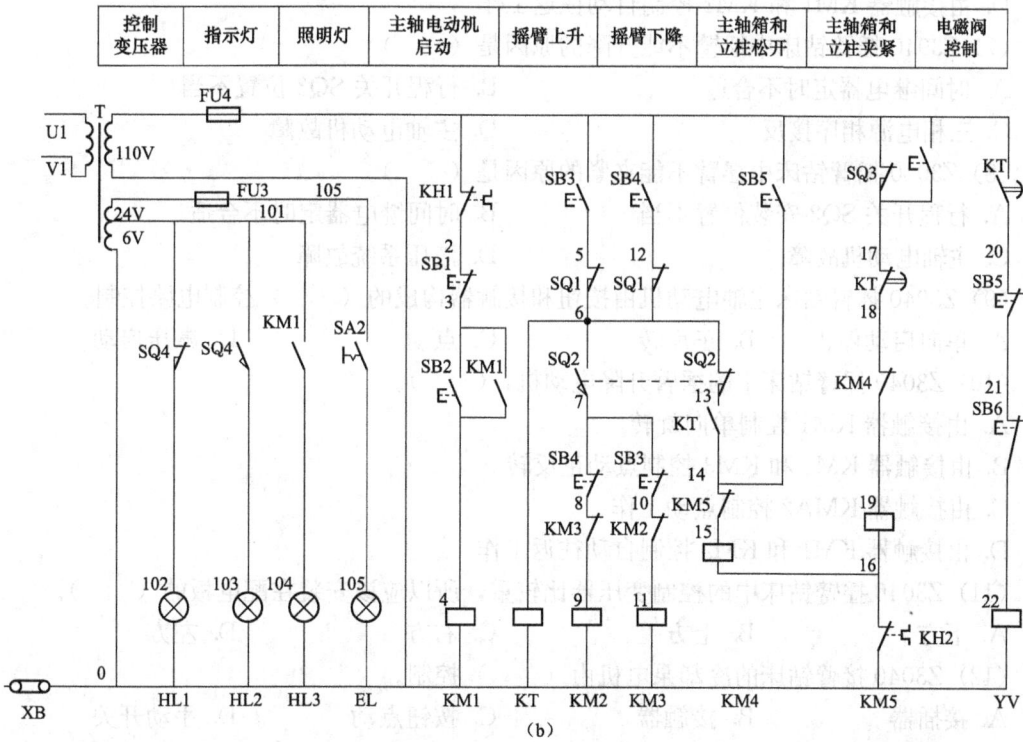

图 4-6　Z3040 钻床的原理图

1. 选择题

(1) Z3040 摇臂钻床主电路中有四台电动机，用了（　　）个接触器。

A. 6　　　　　　　　B. 5　　　　　　　　C. 4　　　　　　　　D. 3

(2) Z3040 摇臂钻床中的局部照明灯由控制变压器供给（　　）安全电压。

A. 交流 6V　　　　　B. 交流 10V　　　　C. 交流 30V　　　　D. 交流 24V

(3) Z3040 摇臂钻床中利用（　　）实现升降电动机断开电源完全停止后才开始夹紧的连锁。

A. 压力继电器　　　B. 时间继电器　　　C. 行程开关　　　　D. 控制按钮

(4) Z3040 摇臂钻床中摇臂不能升降的原因是摇臂松开后 KM2 回路不通过时，应（　　）。

A. 调整行程开关 SQ2 位置　　　　　　　B. 重接电源相序

C. 更换液压泵　　　　　　　　　　　　 D. 调整速度继电器

(5) Z3040 摇臂钻床主轴电动机的控制按钮安装在（　　）上。

A. 摇臂　　　　　　B. 立柱外壳　　　　C. 底座　　　　　　D. 主轴箱外壳

(6) Z3040 摇臂钻床中的液压泵电动机（　　）。

A. 由接触器 KM1 控制单向旋转

B. 由接触器 KM2 和 KM3 控制点动正反转

C. 由接触器 KM4 和 KM5 控制实行正反转

D. 由接触器 KM1 和 KM2 控制自动往返工作

(7) Z3040 摇臂钻床中摇臂不能升降的原因是（　　）。

A. 时间继电器定时不合适　　　　　　　B. 行程开关 SQ3 位置不当

C. 三相电源相序接反　　　　　　　　　D. 主轴电动机故障

(8) Z3040 摇臂钻床中摇臂不能夹紧的原因是（　　）。

A. 行程开关 SQ2 安装位置不当　　　　　B. 时间继电器定时不合适

C. 主轴电动机故障　　　　　　　　　　D. 液压系统故障

(9) Z3040 摇臂钻床主轴电动机由按钮和接触器构成的（　　）控制电路控制。

A. 单向启动停止　　B. 正反转　　　　　C. 点动　　　　　　D. 减压启动

(10) Z3040 摇臂钻床中的摇臂升降电动机，（　　）。

A. 由接触器 KM1 控制单向旋转

B. 由接触器 KM2 和 KM3 控制点动正反转

C. 由接触器 KMA2 控制点动工作

D. 由接触器 KM1 和 KM2 控制自动往返工作

(11) Z3040 摇臂钻床中的控制变压器比较重，所以应该安装在配电板的（　　）。

A. 下方　　　　　　B. 上方　　　　　　C. 右方　　　　　　D. 左方

(12) Z3040 接臂钻床的冷却泵电机由（　　）控制。

A. 接插器　　　　　B. 接触器　　　　　C. 按钮点动　　　　D. 手动开关

(13) Z3040 摇臂钻床主电路中有（　　）台电动机。

A. 1　　　　　　　　B. 3　　　　　　　　C. 4　　　　　　　　D. 2

(14) Z3040 摇臂钻床的液压泵电动机由按钮、行程开关、时间继电器、接触器等构成的（　　）控制电路来控制。

A. 单相启动停止　　　B. 自动往返　　　　C. 正反转短时　　　D. 减压启动

（15）Z3040 摇臂钻床中利用（　　）实行摇臂上升与下降的限位保护。

A. 电流继电器　　　　B. 光电开光　　　　C. 按钮　　　　　　D. 行程开关

（16）Z3040 摇臂钻床中液压泵电动机的正反转具有（　　）功能。

A. 接触器互锁　　　　B. 双重互锁　　　　C. 按钮互锁　　　　D. 电磁阀互锁

（17）Z3040 摇臂钻床中利用行程开关实现摇臂上升与下降的（　　）。

A. 制动控制　　　　　B. 自动往返　　　　C. 限位保护　　　　D. 启动控制

（18）Z3040 摇臂钻床中摇臂不能夹紧的可能原因是（　　）。

A. 速度继电器位置不当　　　　　　　　B. 行程开关 SQ3 位置不当

C. 时间继电器定时不合适　　　　　　　D. 主轴电动机故障

（19）Z3040 摇臂钻床中摇臂不能升降的原因是液压泵转向不对时，应（　　）。

A. 调整行程开关 SQ2 位置　　　　　　　B. 重接电源相序

C. 更换液压泵　　　　　　　　　　　　D. 调整行程开关 SQ3 位置

（20）Z3040 摇臂钻床中摇臂不能夹紧的原因是液压泵电动机过早停转时，应（　　）。

A. 调整速度继电器位置　　　　　　　　B. 重接电源相序

C. 更换液压泵　　　　　　　　　　　　D. 调整行程开关 SQ3 位置

（21）Z3040 摇臂上升下降的控制按钮安装在（　　）上。

A. 摇臂　　　　　　　B. 立柱外壳　　　　C. 主轴箱外壳　　　D. 底座

（22）自动往返控制线路需要对电动机实现自动转换的（　　）。

A. 时间控制　　　　　B. 点动控制　　　　C. 顺序控制　　　　D. 正反转控制

2. 判断题

（1）（　　）Z3040 摇臂钻床中摇臂不能升降的原因是液压泵转向不对时应重接电源相序。

（2）（　　）Z3040 摇臂钻床加工螺纹时主轴需要正反转，因此主轴电动机需要正反转控制。

（3）（　　）Z3040 摇臂钻床的主轴电动机仅做单向旋转，由接触器 KM1 控制。

（4）（　　）Z3040 摇臂钻床主轴电动机的控制电路中没有互锁环节。

（5）（　　）Z3040 摇臂钻床中行程开关 SQ2 安装位置不当或发生移动时，会造成摇臂夹不紧。

（6）（　　）Z3040 摇臂钻床主轴电动机的控制电路中没有互锁环节。

（7）（　　）Z3040 摇臂钻床的主轴电动机仅做单向旋转，由接触器 KM1 控制。

（8）（　　）Z3040 摇臂钻床主轴电动机的控制电路中没有互锁环节。

（9）（　　）Z3040 摇臂钻床中行程开关 SQ2 安装位置不当或发生移动时，会造成摇臂夹不紧。

（10）（　　）Z3040 摇臂钻床主轴电动机的控制电路中没有互锁环节。

（11）（　　）Z3040 摇臂钻床行程开关 SQ2 安装位置不当或发生移动时，会造成摇臂不能升降。

（12）（　　）Z3040 摇臂钻床的主轴电动机是由接触器 KM1 和 KM2 控制正反转。

工 学 评 价

小组评价表见表 4-5。

表 4-5 小 组 评 价 表 一

班级			指导老师		
组别			组长		
任务名称			日期		
评价内容	分值	评分			
		小组自评		小组互评	教师评价
分工表的合理性	5				
正确理解工作任务填写工作任务单	10				
工具清单是否正确完整	5				
材料清单是否正确完整	10				
工作页完成情况	10				
能否描述接触器连锁正反转线路工作原理	10				
能否描述双重连锁正反转线路工作原理	10				
能否描述摇臂上升线路工作原理	10				
能否识读新接触的 Z3050 摇臂钻床的低压电器符号，电气原理	10				
团队协作	10				
工作效率	10				
合计	100				
小组评分					

注 小组评分＝小组自评 20％＋小组互评 30％＋教师评价 50％。

学习活动三 制订工作计划，做出决策

工 学 目 标

（1）学生运用互联网和资料库制订 Z3050 钻床电气控制柜安装与调试的工作流程。

（2）讨论 Z3050 钻床电气控制线路安装与调试工作中需要准备的电工工具、仪表的使用方法。

（3）根据旧机床绘制出元件布置图、列出元器件、控制柜、电动机等安装位置。

（4）小组成员合作制订 Z3050 机床组装计划。

（5）能以小组为单位完成小组评价、个人评价。

学时：2 学时。

工 学 过 程

一、准备工作

以小组为单位查阅 Z3050 摇臂钻床电气控制柜安装与调试前应做哪些准备工作？

引导问题：

（1）Z3050 摇臂钻床安全操作规程有哪些？请在小组中宣读。

_____

_____

_____

_____

_____

_____

_____

（2）除常用的电工工具外，还有哪些可能用到的工具，试举例说明。

_____

_____

_____

_____

（3）摇表使用的注意事项有哪些？

_____

_____

_____

_____

_____

二、制订工作流程和任务分工

根据任务要求，制订工作流程并为下一工作任务分工。

（1）制订工作流程。

（2）小组分工（见表 4-6）。

表 4-6　　　　　　　　　　　　**小组成员分工安排表**

项目：_____

组别：_____

组长：_____

组员：_____

姓名	分工	个人评分

三、绘制 Z3050 摇臂钻床元件布置图

请根据电柜和电气线路板实际尺寸，画出 Z3050 摇臂钻床元件布置图。

工 学 评 价

小组评价表见表 4-7。

表 4-7 小 组 评 价 表 二

班级		指导老师	
组别		组长	
任务名称		日期	

评价内容	分值	评分		
		小组自评	小组互评	教师评价
活动二分工表的合理性	10			
工作计划制订的条理性、全面性、完整性、可行性	20			
安装时需要准备的工具，仪表的使用要求是否明确	10			
Z3050 摇臂钻床安全操作规程是否明确	20			
电气安装图绘制是否正确	10			
团队协作	20			
工作效率	10			
合计	100			
小组评分				

注 小组评分＝小组自评 20％＋小组互评 30％＋教师评价 50％。

学习活动四　实施计划并交付验收

工学目标

（1）能利用相关资源及工具，能识别和选用元器件，核查其型号与规格是否符合图纸要求，并进行外观性能检查。

（2）能按图纸、工艺要求、安全规范和设备要求，准备相关工具，安装元器件并接线，实现电气线路的正确连接。

（3）能使用各种仪表检验组装好的 Z3050 摇臂钻床电气控制部分，能按照安全操作规程工艺要求编写电气调试方案，确保正确通电试车，并交付使用。

（4）能按照 6S 管理规定，整理工具，清理施工现场。

（5）能根据行业企业文化要求填写工程项目看板，保证项目安装进度、质量的时效性，确保工程项目保质保量按时完成。

（6）能以小组为单位完成小组评价、个人评价。

学时：26 学时。

工学过程

一、领取电器元件

小组派出一名组员根据材料清单去仓库领取元件。

二、专人预验电器元件，小组对所领取的电器元件进行预检

（1）检查电器铭牌与材料清单的技术数据。

（2）检查电器外观，应无机械损伤；推动电器可动部分时，电器应动作灵活，无卡阻现象；有灭弧罩的，灭弧罩应完整无损，固定牢固。

（3）测量电器的线圈电阻和绝缘电阻是否符合要求，各触点之间接触是否良好。

三、小组宣读摇臂钻床安全操作规程

（1）工作前对所用摇臂钻床和工卡量具进行全面检查，确认无误时方可工作。

（2）严禁戴手套操作，女生发辫应挽在帽子内。

（3）在启动摇臂钻床前，要对急停按钮等主要电器元件位置性能做详细认真的检查，方可启动。

（4）使用摇臂钻床时，横臂回转范围内不准有障碍物。工作前，横臂必须卡紧。

（5）横臂和工作台上不准存放物件，被加工工件必须按规定卡紧，以防工件移位造成重大人身伤害事故和设备事故。

（6）工件装夹必须牢固可靠。钻小件时，应使用工具夹持，不准用手拿着钻。

（7）使用自动走刀时，要选好进给速度，调整好行程限位块。手动进刀时，一般按照逐渐增压和逐渐减压的原则进行，以免用力过猛造成事故。

（8）钻头上绕有长铁屑时，要停车清除。禁止用风吹、用手拉，要用刷子或铁钩清除。

（9）精铰深孔时，拔取圆器和销棒不可用力过猛，以免手撞在刀具上。

（10）不准在旋转的刀具下翻转、卡压或测量工件；不准用手触摸旋转的刀具。

（11）工作结束时，将横臂降到最低位置，主轴箱靠近立柱，并且都要卡紧。

四、安装元器件并接线

同前几个任务，能参照图 4-7 所示布局，按图纸、工艺要求、安全规范和设备要求，准备相关工具，安装元器件并接线，实现电气线路的正确连接。

引导性问题：

（1）参照前面学习任务布置钻床现场施工环境，记录所遇到的问题。

_____

_____

_____

_____

_____

（2）摇臂钻床电气部分安装配线步骤。

图 4-7　打开的电气控制柜

1）按照元件明细表（或相似的型号、规格）配齐电气设备和元件，并逐个检验其型号、规格和质量是否合格。

2）根据电动机容量、线路走向及要求和各元件的安装尺寸，正确选择导线的规格、导线通道类型和数量、接线端子板型号及节数，控制板、管夹、束节、紧固体等。

3）在控制板上安装电器元件，并在各电器元件附近做好与电路图上相同代号的标记。

4）按照控制板内布线的工艺要求进行布线和套编码套管。

5）选择合理的导线走向，做好导线通道的支持准备，并安装控制板外部的所有电器。

6）进行控制板外部布线，并在导线线头上套装与电路图相同线号的编码套管。

7）检查电路的接线是否正确，和接地通道是否具有连续性。

8）检查位置开关的安装位置是否符合机械要求。

9）检查热继电器的整定值是否符合要求。各级熔断器的熔体是否符合要求，若不符合要求应予以更换。

10）检测电动机及线路的绝缘电阻，清理安装场地。

11）接通电源开关，控制各电动机启动，以检查各电动机的转向是否符合要求。

12）通电空转试验时，应检查各电器元件、线路、电动机的工作情况是否正常。若不正常，应立即切断电源进行检查，在调整或修复后方能再次通电试车。

（3）摇臂钻床电气部分安装配线工艺要求。

1）根据钻床容量及工艺要求，所有导线的截面积在等于 $0.5\mathrm{mm}^2$ 时必须采用软线。考虑机械强度原因，所用导线的最小截面积，在控制柜内为 $1\mathrm{mm}^2$，在控制箱外为 $0.75\mathrm{mm}^2$。对控制箱或控制柜内很小电流的电路连线可用 $0.2\mathrm{mm}^2$，并可采用硬线，只能用于无振动场合。

2）布线时，严禁损伤线芯和导线绝缘。各电器元器件接线端子引出导线的走向，以水平中心线为界限，在水平中心线以上接线端子引出的导线必须走元器件上面的线槽，反之走下面的线槽。任何导线都不能从水平方向进入走线槽内。

3）各电器元件接线端子上引出或引入的导线，除间距很小或元件机械强度很差允许直接架空辐射外，其他导线必须经过走线槽进行连接。

4）进入走线槽内的导线要完全置于走线槽内，并应尽可能避免交叉，装线不要超过其容量的 70%，以便于盖上线槽盖和日后的装配及维修。

5）各电器元件与走线槽之间的外露线，应走线合理，并尽可能做到横平竖直，改变路径时要横弯垂直过渡。同一个元件上位置一致的端子和同型号电器元件中位置一致的端子引出或引入的导线，要敷设在同一平面，并应做到高低一致或前后一致，不得交叉。

6）所有接线端子、导线线头套有的号码管都应与电路图上相应接点线号保持一致，并按线号进行连接压线，必须可靠不得松动。

7）在任何情况下，接线端子必须与导线截面积和材料性质相适应。当接线端子不适合连接软线或较小截面积的软线时，可以在导线端头上穿上针形或叉形线鼻子并压紧。

8）一般一个接线端子只能连接一根导线，需多根导线共用一个线端子时，可用线排短接或采用专门设计的端子，可以连接两根或多根导线。导线连接方式必须是公认的，在工艺上成熟的各种方式，如夹紧、压接、焊接、线接等，并应严格按照连接工艺的工序要求进行。

（4）写出安装元器件的方法和布线方法（直接或轨道安装，硬线工艺或软线线槽），并记录在安装接线的过程中所遇到的问题、解决方法。

（5）各小组完成工作过程记录（图片、文字、录像），做成电子文档作业，可在成果中展示。

五、自检

安装完成后进行自检。

（1）外观检查有无漏接、错接，导线的接点接触是否良好。按电路图从电源端开始逐段核对接线及接线端子线号是否正确。

（2）在电路断电的状态下用万用表欧姆挡检查控制电路的在开路状态下读数应为"∞"。在通路状态下读数应为交流接触器线圈的直流电阻值。断开控制电路检查主电路有无开路和短路现象，根据测试的记录判断电路的连线是否存在问题，并做好记录。

（3）用兆欧表检查线路的绝缘电阻的阻值应不得小于 0.5MΩ，如图 4-8 所示，将测量结果记录下来。

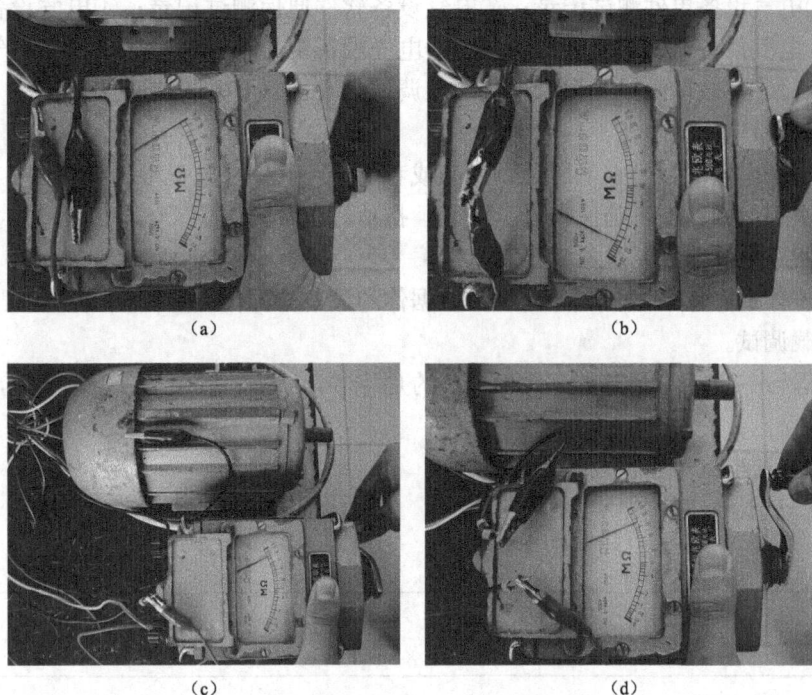

图 4-8　测量电动机三相绕组绝缘电阻
（a）兆欧表开路试验；（b）兆欧表短路试验；
（c）测量异步电动机相线对地绝缘电阻；（d）测量异步电动机相线间绝缘电阻

六、制订调试方案

能根据 Z3050 摇臂钻床电气原理图，制订调试方案，有序安全地进行设备调试，并做各种调试记录。

（1）通过前面工作任务的学习，你认为设备调试应从几个方面入手？

注：电气设备调试是整个设备在运行过程中得到的最原始的资料，它为设备运行状态、设备维护提供了有力的帮助。通常电气设备调试一般从以下几个方面入手：①电气设备单元测试记录；②电气设备单件测试记录；③电气设备软件通信测试记录；④电气设备负荷运行测试记录；⑤电气设备电气单元测试记录；⑥电气设备机械单元测试记录；⑦电气设备整机运行调试记录；⑧空载调试单元记录；⑨断电调试记录；⑩上电调试记录。

例如，空载带电调试步骤：

1）先检查来电情况，检查电压是否过高或者过低，确保来电正常。

2）送二次控制回路电，确保仪表盘仪表、指示灯正常无误。

3）送主回路电，分控制对象单步调试。

4）设备整体送电，总体调试（这里要根据你的设备情况做一些调试试验）。

5）带负载调试。

6）正常运行一定时间（有的是 72h，有的是 168h）后，完成设备调试报告，填写仪表各种数据。

（2）调试与通电试车步骤及过程记录。

调试步骤记录：

_____

_____

_____

_____

（3）调试的安全要求有哪些，检查现场是否满足安全要求，按规定通电试车。记录通电试车过程，若有异常立即停车，并排除故障。故障记录填入表 4-8。

_____

_____

_____

_____

表 4-8　　　　　　　　　　　　　故 障 记 录 表

故障现象	故障原因	解决方法

七、工程验收

工程验收记录填入表 4-9 和表 4-10。

表 4-9   **工程验收记录表一**

验收项目	互检	
	合格	不合格
元件的型号、规格和质量		
电器元件、设备的安装固定		
控制箱内外元件安装是否符合要求		
有无损坏电器元件		
布线的工艺		
有无接地线		
套编码套管		
操作面板所有按键、开关、指示灯的接线		
电动机及线路的绝缘情况		
各电器的整定值整定情况		
熔断器的熔体		
电气控制柜线号		
电源相序		
点动控制各电动机转向		
通电空转试验		
设备带负载运行试验		
指示信号和照明灯是否完好		
工具、仪表的使用是否符合要求		
是否严格遵守安全操作规程		

表 4-10　　　　　　　　　　　　　　　　工程验收记录表二

验收问题记录	整改措施	完成时间	备注

八、制订 Z3040 安全操作规程

Z3050 摇臂钻床项目施工结束，你能否根据个人自身经验简要制订 Z3040 摇臂钻床安全操作规程，你认为应如何去做？

工 学 评 价

小组评价表见表 4-11。

表 4-11　　　　　　　　　　　小 组 评 价 表 三

班级				指导老师			
组别				组长			
任务名称				日期			
一级评价指标	二级评价指标	评价内容		分值	小组自评	小组互评	企业兼职教师评价
行为指标	安全文明生产	是否遵守安装规则，是否按安全规程正确操作		5			
		工作岗位整洁，具有良好的工作习惯		5			
		所用工具的正确使用与维护保养		5			
技能指标	元器件的安装定位	安装方法、步骤正确，安装工艺符合要求		5			
		安装好的元器件整洁、没有损坏		5			
	布线	根据工作原理图进行正确接线		10			
		接线方法与过程是否清晰		5			
		接线技术娴熟，符合工艺要求		10			
		电源、电动机、按钮正确接到端子排上，并准确引出端子号		5			
		接点牢固、接头露铜长度适中，无反圈、压绝缘层		5			
		标记号清楚、不遗漏或误标		5			
	自检	自检方法正确，出现故障正确排除		10			
	通电试车	调试前准备充分，热继电器的整定值设定正确		5			
		调试正常，有故障能排除故障		10			
情感指标	综合运用能力	团队协作		5			
		工作效率		5			
合计				100			
小组评分							

注　小组评分＝小组自评 20％＋小组互评 30％＋教师评价 50％。

学习活动五　成　果　汇　报

工 学 目 标

（1）小组完成 PPT 的制作，全班展示、汇报学习成果。

（2）小组间进行相互学习交流，学会用 PPT 评价要点（主题、内容、结构、多种表现工具表示、界面）要求进行评价。

（3）小组成员运用一定的演讲技巧进行成果汇报。

（4）小组间进行相互学习交流，学会对演讲者进行评价。

学时：3 学时。

工 学 过 程

学生通过演示文稿或工作总结报告、录像等形式展示本学习任务所积累的工作经验、知识技能、工作过程、团队精神等。对学习与工作进行总结反思，向全班展示、汇报学习成果。

要求汇报内容：主题突出、内容完整、结构合理、逻辑顺畅、多种表现工具表示、整体界面美观、层次分明。

工 学 评 价

小组评价表见表 4-12。

表 4-12　　　　　　　　　　小 组 评 价 表 四

班级		指导老师	
组别		组长	
任务名称		日期	

评价内容	分值	评分		
		小组自评	小组互评	教师评价
汇报作品主题突出、内容完整、结构合理、逻辑顺畅	20			
汇报作品整体界面美观，布局合理、文字清晰，字体设计恰当	10			

续表

评价内容	分值	评分		
		小组自评	小组互评	教师评价
汇报作品中使用了文本、图片、表格、图表、图形、动画、音频、视频等表现工具；路径等特效运用得当，作品中可使用超链接或动作功能	10			
汇报作品原创成分高，具有鲜明的个性。	20			
演讲技巧：普通话标准，口齿清晰，语言生动、形象；能准确、恰当地表情达意；动作、表情、能准确、直观、灵活地表达演讲内容和思想感情	20			
演讲效果：演讲精彩有力，具有强大的鼓舞性、激励性、说服力、感召力和召唤力	10			
脱稿：表现熟练程度	10			
合计				
小组评分				

注 小组评分＝小组自评20％＋小组互评30％＋教师评价50％。

学习活动六 综 合 评 价

工 学 目 标

（1）小组讨论完善各个活动的小组评价表。
（2）小组长组织小组成员完成个人综合评价表的自评。
（3）小组长完成个人综合评价表的组评。
学时：1学时。

工 学 评 价

个人综合评价表见表 4-13。

表 4-13   个 人 综 合 评 价 表

班级		指导老师	
组别		学号	
姓名		分数	
任务名称		日期	

评价项目	评价内容	评价标准	评价方式 自评 30％	评价方式 组评 70％
职业素养	是否安全文明生产，是否完成工作任务	A. 自觉遵守安全规程正确操作，出色完成工作任务，能按车间现场 6S 管理标准正确布置工作环境 B. 遵守安全规程正确操作，较好完成工作任务，能按车间现场 6S 管理标准正确布置工作环境 C. 遵守安全规程没能完成工作任务，或完成工作任务后但不能按车间现场 6S 管理标准正确布置工作环境 D. 不遵守安全规程没有完成工作任务		
	学习考勤	A. 全勤 B. 没有缺勤，迟到早退不超过 3 次 C. 缺勤 10％或迟到早退不超过 6 次 D. 缺勤 30％或迟到早退 6 次以上		

评价项目	评价内容	评价标准	评价方式	
			自评 30%	组评 70%
职业素养	团队协作能力	A. 善于与同学沟通，团队协作能力强 B. 能与同学沟通，团队协作能力较强 C. 能与同学沟通，团队协作能力一般 D. 不能与同学沟通，团队协作能力较差		
专业能力	小组评价表一：明确任务，查阅收集资料	A. 能按时完整地完成工作页，能清楚描述线路原理图工作原理 B. 能按时完整地完成工作页，能较清楚描述线路原理图工作原理 C. 未能按时完整地完成工作页，能大概描述线路原理图工作原理 D. 不能完成工作页，不能描述线路原理图工作原理		
	小组评价表二：制订计划，做出决定	A. 能按时完整地完成工作页，明确装置的安装工艺要求，绘制图纸准确 B. 能按时完整地完成工作页，较明确装置的安装工艺要求，绘制图纸较准确 C. 不能按时完整地完成工作页，绘制图纸错误较多 D. 未完成工作页		
	小组评价表三：实施计划并交付验收	A. 能按规范要求高效率完成小组分工任务，工作方法正确，工作过程清晰，技术娴熟，安全文明生产 B. 能完成小组分工任务，工作方法正确，工作过程清晰，技术过关，安全文明生产 C. 在小组成员的协助下完成小组分工任务，安全文明生产 D. 不能完成小组分工任务，不配合小组的帮助		
	小组评价表四：成果汇报	A. 能高效率完成小组分工任务，会制作演示文稿、展板、海报、录像并熟练向全班展示、汇报学习成果 B. 能完成小组分工任务，会收集制作演示文稿、展板、海报、录像资料，积极协助完成汇报工作 C. 不能按时完成小组分工任务 D. 不能完成小组分工任务		
创新能力	工作学习过程中提出有创新性建议		加分	
评价等级计算方式	总分＝自评平均分30%＋组评平均分70% 其中，A＝90，B＝75，C＝60，D＝45			

学习任务五　M7130平面磨床电气控制线路的安装与调试

工学目标

（1）通过阅读工作任务单，明确工作要求。通过参观学习，了解磨床的结构各手柄的作用、电器位置、充磁退磁原理。能独立完成识读原理图，明确磨床专用低压电器的图形符号、文字符号、控制器件的动作过程及控制原理，向同学叙述机床动作过程及电气控制原理，以小组协作方式填写工作页。

（2）查阅相关学习资料，识读安装图、接线图，明确安装要求，确定元器件、控制柜、电动机等安装位置，确保正确连接线路，小组互评相互学习。

（3）查阅维修资料，与小组成员合作制订M7130平面磨床电气控制线路的安装与调试计划。识别和选用元器件，核查其型号与规格是否符合图纸要求，并进行检查。

（4）小组协作执行机床安装调试计划，按图纸、工艺要求、安全规范和设备要求，安装元器件，按图接线，实现控制线路的正确连接，小组间对比学习取长补短。

（5）能用仪表进行测试检查，验证电路安装的正确性，能按照安全操作规程正确通电试车，并交付使用。

（6）按照6S管理规定，整理工具，清理施工现场。

（7）以小组为单位完成小组评价、个人评价。

（8）小组成员会通过演示文稿、展板、海报、录像等形式，向全班展示、汇报学习成果。

建议学时

40学时。

工作情景描述

我校先进装备制造产业系有多台M7130平面磨床因长期暴晒线路严重老化，需要对其电气线路进行更换改造。校企办下达了工作任务，要求在两周内完成M7130磨床电气控制线路的安装及调试工作。电气班接到M7130平面磨床电气控制线路的安装与调试任务后，明确任务要求，根据给定图纸，领取所需工具和材料，检查、校验元器件，进行安装作业，安装完毕后进行检查、调试，填写任务单验收项目并交付教师验收。按照现场管理规范清理场地、归置物品。

工作过程与学习活动

（1）接受工作任务，明确任务要求。

（2）资料查询，获取信息。

（3）制订工作计划，做出决策。

（4）实施计划并交付验收。

（5）成果汇报。

（6）综合评价。

学习活动一　接受工作任务，明确任务要求

工学目标

（1）能阅读工作任务单，明确工作要求。
（2）会填写工作任务单。
（3）培养学生分析问题、解决问题的能力。
（4）能描述 M7130 型平面磨床的基本功能、主要结构及运动形式。
学时：1 学时。

工学过程

一、阅读工作任务单

阅读工作任务单，按实际情况填写，见表 5-1。填写小组成员分工表，见表 5-2。

表 5-1　　　　　　　　　　　　工 作 任 务 单

	地点		报修人		联系电话	
报修项目	故障现象： 报修要求：					
	报修时间		要求完成时间		派单人	
维修项目	接单时间：　　　　　　　　　　　　完成时间：					
	维修结果： 维修员签字： 班组长签字：					
验收项目	是否按规定工时完成：是　否 本次维修是否解决问题：是　否 客户评价：十分满意　比较满意　基本满意　不满意					
	客户意见或建议： 客户签字：					
	日期		审核签字			

表 5-2 　　　　　　　　　　小 组 成 员 分 工 表

项目：＿＿＿＿＿＿＿＿＿＿＿＿＿＿＿＿＿＿＿＿＿＿＿＿＿＿＿＿＿＿＿＿＿

组别：＿＿＿＿＿＿＿＿＿＿＿＿＿＿＿＿＿＿＿＿＿＿＿＿＿＿＿＿＿＿＿＿＿

组长：＿＿＿＿＿＿＿＿＿＿＿＿＿＿＿＿＿＿＿＿＿＿＿＿＿＿＿＿＿＿＿＿＿

组员：＿＿＿＿＿＿＿＿＿＿＿＿＿＿＿＿＿＿＿＿＿＿＿＿＿＿＿＿＿＿＿＿＿

序号	工作内容	负责人	评分
1			
2			
3			
4			
5			
6			
7			
8			

二、认识 M7130 型平面磨床

磨床是用砂轮周边或端面对工件进行磨削加工的精密机床，它不仅能加工一般金属材料，而且能加工淬火钢或硬质合金等高硬度材料。

（1）写出 M7130 型平面磨床的型号中字母及数字所代表的含义。

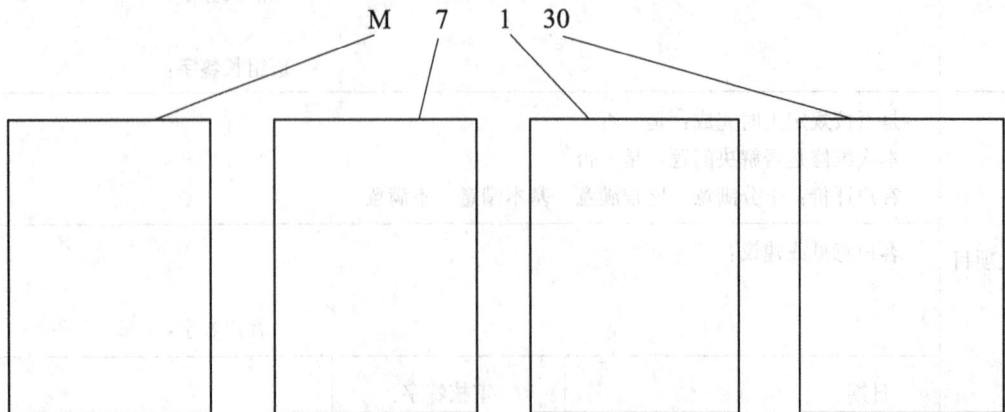

M　7　1　30

（2）写出 M7130 平面磨床的主要结构及功能（见图 5-1）。

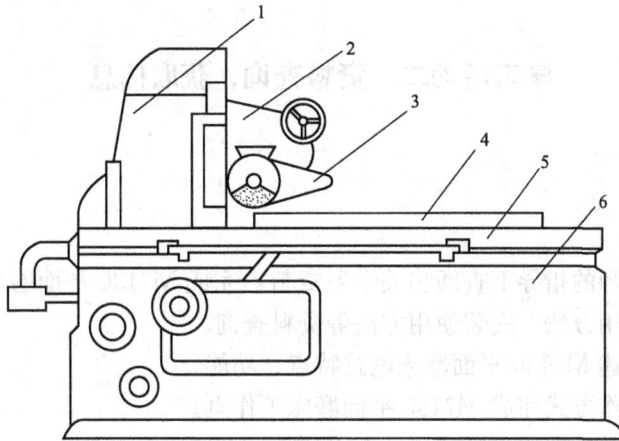

图 5-1　M7130 结构图

1—_____；2—_____；
3—_____；4—_____；
5—_____；6—_____

（3）M7130 平面磨床主要完成哪些动作？

（4）电气柜门开关的作用是什么？

（5）电磁吸盘及充退磁控制器工作原理是什么？

学习活动二　资料查询，获取信息

工学目标

（1）能在没有教师的指导下查阅相关学习资料，完成 M7130 平面磨床电气原理图识读、电气规格、价格、选用方法、安装使用方法等资料查询。

（2）能向同伴叙述 M7130 平面磨床电路特点、功能。

（3）能以小组协作方式完成 M7130 平面磨床工作页。

（4）能以小组为单位完成小组评价、个人评价。

学时：4 学时。

工学过程

一、识读电气原理图（见图 5-2）

电源开头及保护	砂轮电动机	冷却泵电动机	液压泵电动机	控制电路保护	砂轮控制	液压泵控制	整流变压器	整流器	电磁吸盘	照明

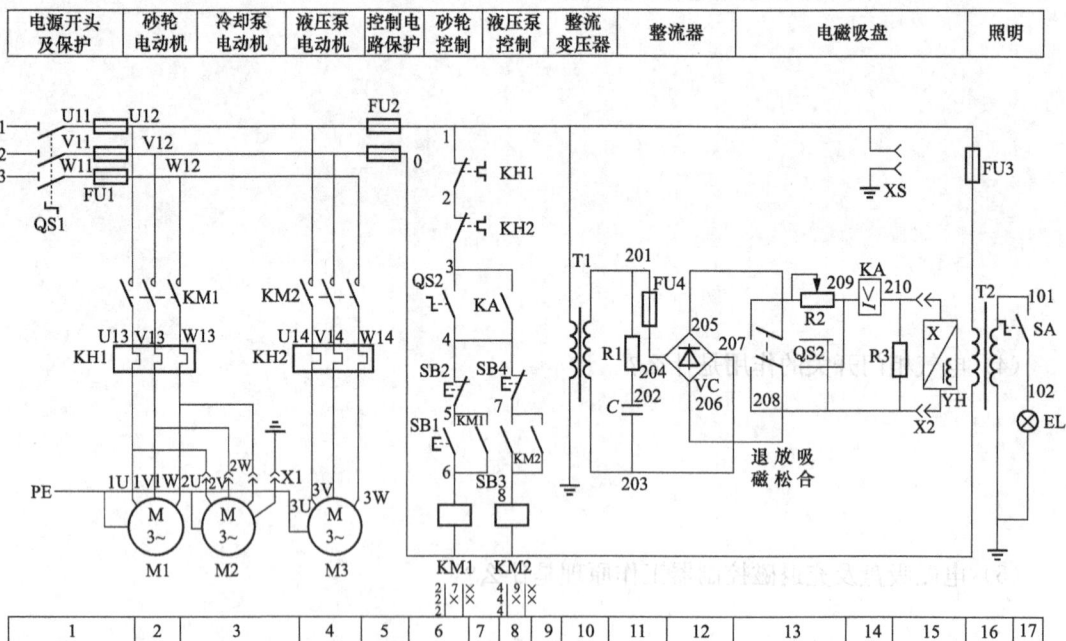

图 5-2　M7130 电气原理图

分别写出各个部分控制电路的作用：

二、控制电路分析

控制电路采用交流 380V 电压供电，由熔断器 FU2 作短路保护。

1. 控制电路分析（见图 5-2）

当转换开关 QS2 的常开触头（6 区）闭合，或电磁吸盘得电工作，欠电流继电器_____线圈得电吸合，其常开触头（8 区）闭合时，接通砂轮电动机_____和液压泵电动机_____的控制电路，砂轮电动机 M1 和液压泵电动机 M3 才能启动，进行磨削加工。

砂轮电动机 M1 和液压泵电动机 M3 都采用了_____自锁正转控制线，_____、_____分别是它们的启动按钮，_____、_____分别是它们的停止按钮。

（1）液压电动机控制。在 QS2 或 KA 的常开触点闭合情况下，按下 SB3→KM2 线圈通电，其辅助触点_____闭合自锁→_____旋转，如需液压电动机停止，按停止按钮_____即可。

（2）砂轮和冷却泵电动机控制在 QS2 或 KA 的常开触点闭合情况下，按下 SB1→KM1 线圈通电，其辅助触点_____闭合自锁→_____和_____旋转，按下 SB2，砂轮和冷却泵电动机停止。

2. 电磁吸盘电路

电磁吸盘是用来固定加工工件的一种夹具。它与机械夹具比较，具有夹紧迅速、操作快速简便、不损伤工件、一次能吸牢多个小工件，以及磨削中工件发热可自由伸缩、不会变形等优点。不足之处是只能吸住铁磁材料的工件，不能吸牢非磁性材料（如铝、铜等）的工件。

（1）电磁吸盘构造及原理。电磁吸盘线圈通以直流电，使芯体被磁化，将工件牢牢吸住，其工作原理如图 5-3 所示。图中，1 为钢制吸盘体，在它的中部凸起的芯体 A 上绕有线圈 2，钢制盖板 3 被隔磁层 4 隔开。在线圈 2 中通入直流电流、芯体磁化。磁通经由盖板、工件、盖板、吸盘体、芯体 A 形成闭合回路，将工件 5 牢牢吸住。盖板中的隔磁层由铅、钢、黄铜及巴氏合金等非磁性材料制成，其作用是使磁力线都通过工件再回到吸盘体。不致直接通过盖板闭合，以增强对工件的吸持力。

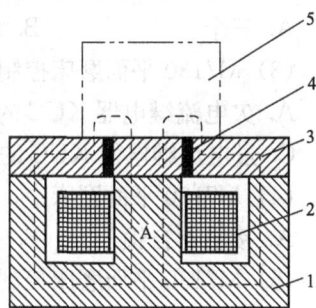

图 5-3　电磁吸盘构造
1—钢制吸盘体；2—线圈；
3—钢制盖板；4—隔磁体；5—工件

（2）电磁吸盘电路分析。电磁吸盘电路包括整流电路，控制电路和保护电路三部分。

整流变压器 T1 将 220V 的交流电压降为 145V，然后经桥式整流器 VC 后输出 110V 直流电压。如图 5-2 所示的 13 区电磁吸盘 QS2 是 YH 的转换开关（又称退磁开关），有"吸""放松"和"退磁"三个位置。

QS2 扳至"吸合"位置→触点（205—206）和（208—209）闭合→电磁吸盘 YH 通电→工件被牢牢吸住→欠电流继电器 KA 线圈得电→KA（3—4）闭合→接通砂轮和液压电动机控制电路工件加工完毕，先把 QS2 扳至"放松"位置→切断电磁吸盘 YH 的直流电源→再将 QS2 扳至"退磁"位置（因工件具有剩磁而不能取下）→触点（205—206）和（207—208）闭合→电磁吸盘 YH 通入较小的反向电流进行退磁退磁结束，将 QS2 扳回到"放松"位置，将工件取下。

　　如果有些工件不易退磁时，可将附件退磁器的插头插入插座 XS，使工件在交变磁场的作用下进行退磁。

　　若将工件夹在工作台上，而不需要电磁吸盘时，则应将电磁吸盘 YH 的 X2 插头从插座上拔下，同时将转换开关 QS2 扳到"退磁"位置，这时接在控制电路中 QS2 的常开触头（6区）闭合，接通电动机的控制电路。

　　电磁吸盘的保护电路是由放电电阻＿＿＿＿＿和欠电流继电器＿＿＿＿＿组成。因为电磁吸盘的电感很大，当电磁吸盘从"吸合"状态转变为"放松"状态的瞬间，线圈两端将产生很大的自感电动势，易使线圈或其他电器由于过电压而损坏。电阻＿＿＿＿＿的作用是在电磁吸盘断电瞬间给线圈提供放电通路，吸收线圈释放的磁场能量。欠电流继电器 KA 用以防止电磁吸盘断电时工件脱出发生事故。

　　电阻 R1 与电容器 C 的作用是防止电磁吸盘回路交流侧的过电压。熔断器 FU4 为电磁吸盘提供短路保护。

　　（3）照明电路。照明变压器 T2 将 380V 的交流电压降为＿＿＿＿＿的安全电压供给照明电路。EL 为照明灯，一端接地，另一端由开关 SA 控制。熔断器 FU3 作照明电路的短路保护。

三、考一考

1. 选择题

（1）M7130 平面磨床的主电路中有（　　）电动机。

A. 三台　　　　　B. 两台　　　　　C. 一台　　　　　D. 四台

（2）M7130 平面磨床的主电路中有三台电动机，使用了（　　）热继电器。

A. 三个　　　　　B. 四个　　　　　C. 一个　　　　　D. 两个

（3）M7130 平面磨床控制电路中串接着转换开关 QS2 的常开触点和（　　）。

A. 欠电流继电器 KUC 的常开触点　　　B. 欠电流继电器 KUC 的常闭触点

C. 过电流继电器 KUC 的常开触点　　　D. 过电流继电器 KUC 的常闭触点

（4）M7130 平面磨床中，砂轮电动机和液压泵电动机采用了（　　）正转控制电路。

A. 接触器自锁　　B. 按钮自锁　　C. 接触器互锁　　D. 时间继电器

（5）M7130 平面磨床控制线路中整流变压器安装在配电板的（　　）。

A. 左方　　　　　B. 右方　　　　　C. 上方　　　　　D. 下方

（6）M7130 平面磨床中，冷却泵电动机 M2 必须在（　　）运行后才能启动。

A. 照明变压器　　B. 伺服驱动器　　C. 液压泵电动机 M3　D. 砂轮电动机 M1

（7）M7130 平面磨床的主电路中有三台电动机，使用了（　　）热继电器。

A. 三个　　　　　B. 四个　　　　　C. 一个　　　　　D. 两个

（8）M7130 平面磨床中，砂轮电动机的热继电器经常动作，轴承正常，砂轮进给量正常，则需要检查和调整（　　）。

A. 照明变压器　　B. 整流变压器　　C. 热继电器　　D. 液压泵电动机

（9）M7130 平面磨床中，砂轮电动机和液压泵电动机都采用了接触器（　　）控制电路。

A. 自锁反转　　　B. 自锁正转　　C. 互锁正转　　D. 互锁反转

（10）M7130 平面磨床中，（　　）工作后砂轮和工作台才能进行磨削加工。

A. 电磁吸盘 YH　　　B. 热继电器　　　C. 速度继电器　　　D. 照明变压器

（11）M7130 平面磨床中砂轮电动机的热继电器动作的原因之一是（　　）。

A. 电源熔断器 FU1 烧断两个　　　　　B. 砂轮进给量过大

C. 液压泵电动机过载　　　　　　　　　D. 接插器 X2 接触不良

（12）M7130 平面磨床的三台电动机都不能启动的原因之一是（　　）。

A. 接插器 X2 损坏　　　　　　　　　　B. 接插器 X1 损坏

C. 热继电器的常开触点断开　　　　　　D. 热继电器的常闭触点断开

（13）M7130 平面磨床中，电磁吸盘退磁不好使工件取下困难，但退磁电路正常，退磁电压也正常，则需要检查和调整（　　）。

A. 退磁功率　　　B. 退磁频率　　　C. 退磁电流　　　D. 退磁时间

（14）M7130 平面磨床的主电路中有（　　）接触器。

A. 三个　　　　　B. 两个　　　　　C. 一个　　　　　D. 四个

（15）M7130 平面磨床的主电路中有（　　）熔断器。

A. 三组　　　　　B. 两组　　　　　C. 一组　　　　　D. 四组

（16）对于电动机负载，熔断器熔体的额定电流应选电动机额定电流的（　　）倍。

A. 1～1.5　　　　B. 1.5～2.5　　　　C. 2.0～3.0　　　　D. 2.5～3.5

（17）M7130 平面磨床控制线路中导线截面最粗的是（　　）。

A. 连接砂轮电动机 M1 的导线　　　　　B. 连接电源开关 QS1 的导线

C. 连接电磁吸盘 YH 的导线　　　　　　D. 连接转换开关 QS2 的导线

（18）M7130 平面磨床控制电路的控制信号主要来自（　　）。

A. 工控机　　　　B. 变频器　　　　C. 按钮　　　　　D. 触摸屏

（19）M7130 平面磨床控制电路中的两个继电器常闭触点的连接方法是（　　）。

A. 并联　　　　　B. 串联　　　　　C. 混联　　　　　D. 独立

（20）M7130 平面磨床中电磁吸盘吸力不足的原因之一是（　　）。

A. 电磁吸盘的线圈内有匝间短路　　　　B. 电磁吸盘的线圈内有开路点

C. 整流变压器开路　　　　　　　　　　D. 整流变压器短路

（21）M7130 平面磨床中三台电动机都不能启动，转换开关 QS2 正常，熔断器和热继电器也正常，则需要修复（　　）。

A. 欠电流继电器 KUC　　　　　　　　B. 接插器 X1

C. 接插器 X2　　　　　　　　　　　　D. 照明变压器 T2

2. 选择题

（1）（　　）M7130 平面磨床的三台电动机都不能启动的原因是欠电流继电器 KUC 和转换开关 QS2 的触点接触不良，接线松脱，使电动机的控制电路处于断电状态。

（2）（　　）M7130 平面磨床的主电路中有三个电机及三个接触器。

（3）（　　）M7130 平面磨床电器控制线路中的三个电阻安装在配电板上。

（4）（　　）M7130 平面磨床的控制电路由直流 220V 电压供电。

（5）（　　）M7130 平面磨床中，冷却泵电动机 M2 必须在砂轮电动机 M1 运行后才能启动。

（6）（　　）M7130 平面磨床的控制电路，由交流 380V 电压供电。

工 学 评 价

小组评价表见表 5-3。

表 5-3　　　　　　　　　　　　　　　　小 组 评 价 表 一

班级			指导老师		
组别			组长		
任务名称			日期		
评价内容	分值		评分		
		小组自评	小组互评	教师评价	
分工表的合理性	10				
正确理解工作任务填写工作任务单	10				
工作页完成情况	10				
能否描述 M7130 型平面磨床的基本功能	10				
能否描述 M7130 型平面磨床主要结构及运动形式	10				
能否描述 M7130 平面磨床电路特点、功能	10				
能否描述 M7130 平面磨床电气原理	20				
团队协作	10				
工作效率	10				
合计	100				
小组评分					

注　小组评分＝小组自评 20％＋小组互评 30％＋教师评价 50％。

学习活动三　制订工作计划，做出决策

工学目标

（1）能识读主电路接线图、根据要求选择元器件及工具。

（2）能绘制控制电路接线图、根据要求选择元器件及工具。

（3）能勘查施工现场、明确分工及预算工时。

学时：3学时。

工学过程

一、填写清单

填写小组成员分工表及元件、工具清单，见表5-4～表5-6。将工序及工期安排填入表5-7。

表5-4　　　　　　　　　　　　　　小组成员分工表

项目：_____

组别：_____

组长：_____

组员：_____

序号	工作内容	负责人	评分
1			
2			
3			
4			
5			
6			
7			
8			

表 5-5　　　　　　　　　　元　件　清　单

序号	元件名称	型号与规格	单位	数量	备注

表 5-6　　　　　　　　　　工　具　清　单

序号	工具名称	单位	数量	备注

表 5-7 　　　　　　　　　　　　　　工 序 及 工 期 安 排

序号	工作内容	完成时间	备注

二、安全防护措施

安全防护措施：

工 学 评 价

小组评价表见表 5-8。

表 5-8   小 组 评 价 表 二

评价内容	分值	评分		
		小组评价	小组互评	教师评价
计划制订是否全面、完善、有条理	10			
材料清单是否正确、完整	20			
工具清单是否正确、完整	20			
任务要求是否明确	20			
人员分工是否合理	10			
安全防护措施是否明确	10			
团队协作	10			
合计	100			
小组评分				

注 小组评分＝小组自评 20％＋小组互评 30％＋教师评价 50％。

学习活动四　实施计划并交付验收

工 学 目 标

（1）能执行安全规程，隔离方法，准备现场工作环境。

（2）能执行工艺要求、安装规程要求。

（3）能线槽布线安装。

（4）能进行电路检查与调试。

学时：28 学时。

工 学 过 程

一、线路安装

1. 接线要点

（1）充退磁控制器、电磁吸盘的辨别（用万用表测量确认）和接线。

（2）KM1、KM2 主触头的接线：注意要分清进线端和出线端。接触器 KM1 必须从三相电机定子绕组的末端引入（Y 接电源端），若误将其首端引入（Y 接公共端），则在 KM1 吸合时，会产生三相电源短路事故。

（3）控制线路中充退磁控制器、电磁吸盘间的接线。

（4）电动机的接线端与接线排上出线端的连接。接线时要保证电动机接法的正确性。

（5）外部配线，必须按要求一律装在导线通道内，使导线有适当的机械保护，以防止液体、铁屑和灰尘的侵入。

2. 安全要求和注意事项

（1）主轴电动机，不能短接电源，电机额定电压等于电源线电压。

（2）接线时要保证电动机接法的正确性，即接触器主触头闭合时，应保证定子绕组的连接正确。

（3）控制板外部配线，必须按要求一律装在导线通道内，使导线有适当的机械保护，以防止液体、铁屑和灰尘的侵入。在训练时可适当降低标准，但必须能确保安全为条件，例如采用多芯橡皮线或塑料护套软线。

（4）通电试车前要再检查一下熔体规格及时间继电器、热继电器的各整定值是否符合要求。

（5）通电试车必须有指导教师在现场监护，学生应根据电路图的控制要求独立进行试车，若出现故障也应自行排除。

（6）安装训练应在规定定额时间内完成。同时要做到安全操作和文明生产。

3. 安装

安装过程中遇到了什么问题？是如何解决的？在表 5-9 中记录下来。

表 5-9　　　　　　　　　　　**安装过程记录表**

所遇问题	解决方法

4. 检查与调试

(1) 主电路：万用表打在 R×1 挡。

1) 按下 KM1，表棒分别接在 U11—U1、V11—V1、W11—W1，这时表针指在零。

2) 按下 KM2，表棒分别接在 U11—U2、V11—V2、W11—W2，这时表针指在零。

(2) 控制电路：万用表打在 R×100 或 R×1k 挡，表棒接在 FU2 的 1 和 0 位置。（每个 KM、KT 的线圈阻值在 1.5kΩ 左右）

1) 6 区 QS2 闭合按下 SB1，表针指为 1.5kΩ 左右，同时按下 SB2 指针指向∞。

2) 6 区 QS2 闭合按下 SB3，表针指为 1.5kΩ 左右，同时按下 SB4 指针指向∞。

3) 按下 KM1，表针指为 1.5kΩ 左右有自锁；按下 KM2，表针指为 1.5kΩ 左右有自锁。

4) 其他验证以此类推。

安装完毕后，参考上面的方法进行直观检查和通电前的检查，然后再进行通电调试。线路接通后，是否正常工作？如果存在故障，在表 5-10 中记录故障现象，查阅相关资料，按照相应的检修方法进行检修。

表 5-10　　　　　　　　　　　**通电调试过程记录表**

故障现象	故障原因	检修方法

注　在小组间交流讨论故障检修的过程，也将其他小组中有价值的故障检修经验补充记录在表中。

5. 清理现场及交验

施工结束后，应进行哪些现场清理工作？

6. 验收

在验收阶段，各小组派出代表进行交叉验收，并填写详细验收记录（见表5-11）。

表 5-11　　　　　　　　　　　　　验 收 过 程 记 录 表

验收问题记录	整改措施	完成时间	备注

7. 填写安装任务验收报告

以小组为单位认真填写安装任务验收报告，并将学习活动一中的工作任务单填写完整。

工 学 评 价

小组评价表见表 5-12。

表 5-12　　　　　　　　　　　　小 组 评 价 表 三

评价内容		分值	评分		
			小组自评	小组互评	企业兼职教师评价
布局安装	元件布局合理	20			
	元器件牢固、无损坏、整洁				
线路敷设	按电路图正确接线，布线方法、步骤正确	40			
	布线横平竖直、整洁有序，接线紧固、接头漏铜长度适中，无反圈、压绝缘层、标记号不清楚、标记号遗漏或误标等问题，符合工艺要求				
	电源和电动机按钮正确接到端子排上，并准确注明引出端子号				
	施工中导线绝缘层或线芯无损伤				
通电试车	热继电器根据负载设定整定电流	30			
	设备正常运转无故障				
	出现故障正确排除				
安全规范	遵守安全文明生产规程	10			
	施工完成后认真清理现场				
合计		100			
小组评分					

施工额定用时：＿＿＿＿＿　　实际用时：＿＿＿＿＿　　超时扣分：＿＿＿＿＿

注　小组评分＝小组自评 20％＋小组互评 30％＋教师评价 50％。

学习活动五　成　果　汇　报

工 学 目 标

(1) 能对工作成果进行展示、评价。
(2) 能向同伴叙述 M7130 平面磨床电路特点、功能。
学时：3 学时。

工 学 过 程

能主动获取有效信息，对学习与工作进行总结反思，小组成员能通过演示文稿、展板、海报、录像等形式，向全班展示、汇报学习成果。

M7130 平面磨床安装电路特点归纳：

工 学 评 价

小组评价表见表 5-13。

表 5-13　　　　　　　　　　　　　　小 组 评 价 表 四

班级		指导老师	
组别		组长	
任务名称		日期	

评价内容	分值	评分		
		小组自评	小组互评	教师评价
汇报作品主题突出、内容完整、结构合理、逻辑顺畅	20			
汇报作品整体界面美观，布局合理、文字清晰，字体设计恰当	10			
汇报作品中使用了文本、图片、表格、图表、图形、动画、音频、视频等表现工具；路径等特效运用得当，作品中可使用超链接或动作功能	10			
汇报作品原创成分高，具有鲜明的个性	20			
演讲技巧：普通话标准，口齿清晰，语言生动、形象；能准确、恰当地表情达意；动作、表情、能准确、直观、灵活地表达演讲内容和思想感情	20			
演讲效果：演讲精彩有力，具有强大的鼓舞性、激励性、说服力、感召力和召唤力	10			
脱稿：表现熟练程度	10			
合计	100			
小组评分				

注　小组评分＝小组自评 20％＋小组互评 30％＋教师评价 50％。

学习活动六 综 合 评 价

工 学 目 标

（1）收集各小组综合评价表。
（2）评价学生的工作成果计分表综合点评。
学时：1学时。

工 学 评 价

综合评价表见表5-14。

表 5-14   综 合 评 价 表

班级				指导老师	
组别				学号	
姓名				分数	
任务名称				日期	

评价项目	评价内容	评价标准	评价方式	
			自评 30%	组评 70%
职业素养	是否安全文明生产，是否完成工作任务	A. 自觉遵守安全规程正确操作，出色完成工作任务，能按车间现场 6S 管理标准正确布置工作环境 B. 遵守安全规程正确操作，较好完成工作任务，能按车间现场 6S 管理标准正确布置工作环境 C. 遵守安全规程没能完成工作任务，或完成工作任务，但不能按车间现场 6S 管理标准正确布置工作环境 D. 不遵守安全规程没有完成工作任务		
	学习考勤	A. 全勤 B. 没有缺勤或迟到早退不超过 3 次 C. 缺勤 10% 或迟到早退不超过 6 次 D. 缺勤 30% 或迟到早退 6 次以上		

评价项目	评价内容	评价标准	评价方式	
			自评 30%	组评 70%
职业素养	团队协作能力	A. 善于与同学沟通，团队协作能力强 B. 能与同学沟通，团队协作能力较强 C. 能与同学沟通，团队协作能力一般 D. 不能与同学沟通，团队协作能力较差		
专业能力	小组评价一：明确任务，查阅收集资料	A. 能按时完整地完成工作页，能清楚描述低压电器的功能、文字与图形符号、规格、电器选用方法和安装使用 B. 能按时完整地完成工作页，能较清楚描述低压电器的功能、文字与图形符号、规格、电器选用方法和安装使用 C. 未能按时完整地完成工作页，能大概描述低压电器的功能、文字与图形符号、规格、电器选用方法和安装使用 D. 不能完成工作页，不能描述低压电器的功能、文字与图形符号、规格、电器选用方法和安装使用		
	小组评价二：制订计划，做出决定	A. 能按时完整地完成工作页，明确检测、拆装电器元件的基本步骤、制订典型低压电器维护保养计划 B. 能按时完整地完成工作页，较明确装置的安装工艺要求，绘制图纸较准确 C. 不能按时完整地完成工作页，绘制图纸错误较多 D. 未完成工作页		
	小组评价三：实施计划交付验收	A. 能按规范要求高效率完成小组分工任务，工作方法正确，工作过程清晰，技术娴熟，安全文明生产 B. 能完成小组分工任务，工作方法正确，工作过程清晰，技术过关，安全文明生产 C. 在小组成员的协助下完成小组分工任务，安全文明生产 D. 不能完成小组分工任务，不配合小组的帮助		
	小组评价四：成果汇报	A. 能高效率完成小组分工任务，会制作演示文稿、展板、海报、录像或熟练向全班展示、汇报学习成果 B. 能完成小组分工任务，会收集制作演示文稿、展板、海报、录像资料，积极协助完成汇报工作 C. 不能按时完成小组分工任务 D. 不能完成小组分工任务		
创新能力	工作学习过程中提出有创新性建议		加分	
评价等级计算方式	总分＝自评平均分30%＋组评平均分70% 其中，A＝90，B＝75，C＝60，D＝45			

学习任务六 X62W 万能铣床电气控制线路的安装与调试

工 学 目 标

（1）能识读 X62W 万能铣床电气控制线路的安装与调试的任务单，并明确施工要求。

（2）能通过资料查询，获取信息。识读电气原理图，明确新接触的电器符号，能描述控制器件的动作过程，明确控制原理。

（3）根据施工项目的实际情况制订合理的施工计划。

（4）在教师指导下，以小组合作方式按照施工图纸完成 X62W 万能铣床电气控制线路的安装。按照工程验收要求实施验收。

（5）总结反思 X62W 万能铣床电气控制线路的安装与调试的工作过程和要求，完成工作任务的施工。

（6）小组成员能通过演示文稿、展板、海报、录像等形式，向全班展示、汇报学习成果。进行综合的评价。

（7）能正确标注有关控制功能的铭牌标签。

（8）按照 6S 管理规定，整理工具，清理施工现场。

建 议 学 时

40 学时。

工 作 情 景 描 述

有一家企业生产加工马鞍件，需要万能铣床，委托我方生产机床，接到订单后我方负责电气安装与调试。在安装的过程中会出现的故障不是千篇一律，应该采用理论与实践相结合的处理方法。

工 作 过 程 与 学 习 活 动

（1）接受工作任务，明确任务要求。

（2）资料查询，获取信息。

（3）制订工作计划，做出决策。

（4）实施计划并交付验收。

（5）成果汇报。

（6）综合评价。

学习活动一　接受工作任务，明确任务要求

工 学 目 标

(1) 能填写"X62W 万能铣床电气控制线路的安装与调试"工作任务单。

(2) 能明确工时、工作内容和人员分组，做好人员配置。

(3) 明确个人任务要求。

(4) 能通过查阅 X62W 万能铣床的技术文件和相关资料、咨询相关技术人员、搜索网络信息等方式，获取铣床的结构、型号、参数及与验收与安装相关的有效信息，并记录。

学时：2 学时。

工 学 过 程

1. X62W 万能铣床电气控制线路的安装与调试、阅读工作任务单并填写（见表 6-1）

表 6-1   工 作 任 务 单

项目编号		班组		生产周期	年　月　日
设备名称		铣床型号		设备编号	
安装人		联系电话			
生产内容					
系统要求					
备注					
安装时间		计划工时			
调试人		日期		年　月　日	

2. 根据工作任务单简述下列引导问题

(1) 铣床型号是什么？

（2）安装人是谁？

_____

（3）计划工时是多少？

_____

（4）安装时间共多少？

_____

（5）生产内容包括哪些？

_____

（6）对电气系统有什么要求？

_____

3. 小组分工（见表 6-2）

表 6-2　　　　　　　　　　小组成员分工安排表

项目：_____

组别：_____

组长：_____

组员：_____

序号	工作内容	负责人	评分
1			
2			
3			
4			
5			
6			
7			
8			

4. 小组收集 X62W 万能铣床的相关信息并回答以下引导问题

(1) X62W 万能铣床的结构：

_____

(2) X62W 万能铣床的运动形式：

_____

(3) X62W 万能铣床的工作原理：

_____

(4) 电气安装的操作步骤及规程，以及 6S 规章制度管理：

_____

学习活动二　资料查询，获取信息

工 学 目 标

（1）能通过查阅 X62W 万能铣床的技术文件和相关资料、咨询相关技术人员、搜索网络信息等方式，获取铣床的结构、参数等，以及与验收与安装相关的有效信息，并记录。

（2）能通过多媒体、网络、书籍等渠道查找万能铣床型号、机械加工时的作用，并做好记录。

（3）各组展示收集到的万能铣床型号，说明机械加工时的作用及运动形式。

学时：8 学时。

工 学 过 程

一、根据电路工作原理内容查询资料

引导问题：

（1）电路特点及控制要求？

_____

_____

_____

（2）什么是电气原理图？

_____

_____

_____

（3）在电气原理图中，电源电路、主电路、控制电路、指示电路和照明电路一般怎么布局？

_____

_____

_____

（4）电气原理图中，怎样判别同一电器的不同元件？

_____

_____

_____

（5）主电路与控制电路的编号方法是怎样的？

_____

_____

_____

二、收集信息

（1）万能转换开关作用是什么？

（2）电磁离合器作用是什么？

（3）分析本机床的结构、作用、运动形式。X62W 铣床的结构见图 6-1。

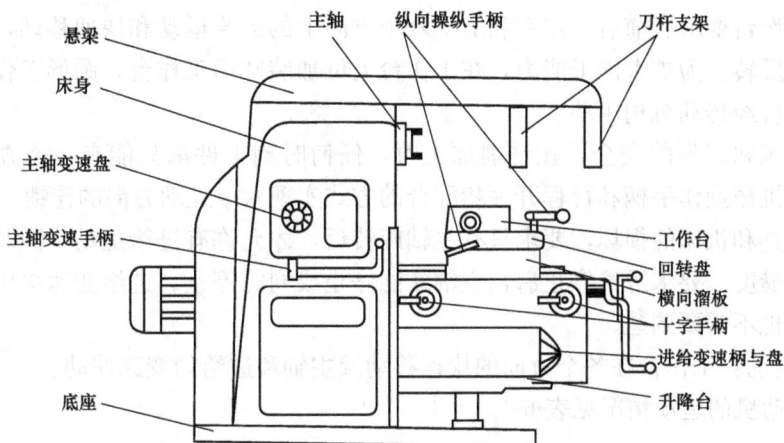

图 6-1　X62W 铣床的结构

下面介绍 X62W 铣床运动特点。

1）主运动：主轴带动铣刀的旋转运动。

铣削加工有顺铣和逆铣两种加工方式，所以要求主轴电动机能正转和反转，用组合开关来控制主轴电动机的正转和反转，铣削加工是一种不连续的切削加工方式，为减小振动，主轴上装有惯性轮，但这样会造成主轴停车困难，为此主轴电动机采用电磁离合器制动以实现准确停车。铣削加工过程中需要主轴调速，采用改变变速箱的齿轮传动比来实现，主轴电动机不需要调速。

2）进给运动：加工中工作台的上下、左右、前后运动及圆工作台的运动，见表 6-3。

表 6-3　　　　　　　　　　　　　　　　X62W 进给运动

手柄位置	行程开关动作	接触器动作	M3 转向	工作台运动方向
左	SQ5	KM3	正转	向左
中	—	—	停止	停止
右	SQ6	KM4	反转	向右
上	SQ3	KM3	正转	向上
下	SQ4	KM4	反转	向下
前	SQ4	KM4	反转	向前
后	SQ3	KM3	正转	向后

铣床的工作台要求有前后、左右和上下六个方向上的进给运动和快速移动，所以要求进给电动机能正反转。为扩大加工能力，在工作台上可加装圆形工作台，圆形工作台的回转运动由进给电动机经传动机构驱动。

为保证机床和刀具的安全，在铣削加工时，任何时刻工件都只能有一个方向的进给运动，因此采用机械操作手柄和行程开关相配合的方式实现六个运动方向的连锁。

为防止刀具和机床的损坏，要求只有主轴旋转后，才允许有进给运动，同时为了减小加工件的表面粗糙度，要求进给停止后，主轴才能停止或同时停止。进给变速采用机械方式实现，进给电动机不需要调速。

3）辅助运动：工作台在各个方向的快速移动及主轴和进给的变速冲动。

X62W 电动机的运动情况见表 6-4。

表 6-4   **X62W 电动机的运动情况**

名称及代号	功能	控制电器	过载保护电器	短路保护
主轴电动机 M1	拖动主轴带动铣刀旋转	接触器 KM1 和组合开关 3	热继电器 FR1	熔断器 FU1
进给电动机 M2	拖动进给运动和快速移动	接触器 KM3 和 KM4	热继电器 FR3	熔断器 FU2
冷却泵电动机 M3	供应冷却液	手动开关 QS2	热继电器 FR2	熔断器 FU1

工作台的快速运动是指工作台在前后、左右和上下六个方向之一上的快速移动。它是通过快速移动电磁离合器的吸合，改变机械传动链的传动比实现的。为保证变速后齿轮能良好啮合，主轴和进给变速后，都要求电动机做瞬时点动，即变速冲动。

（4）识读主电路工作原理。

主电路共有 3 台电动机，控制电路的电源由控制变压器 TC 输出 110V 电压供电。

1）主轴电动机 M1 的控制。

① 主轴电动机 M1 的控制包括启动控制、制动控制、换刀控制和变速冲动控制。为方便操作，主轴电动机的启动、停止及进给电动机的控制均采用两地控制方式，一组启动按钮 SB1 和停止按钮 SB5 安装在工作台上，另一组启动按钮 SB2 和停止按钮 SB6 安装在床身上。

② 主轴电动机 M1 的制动。为了使主轴停车准确，主轴采用电磁离合器制动。该电磁离合器安装在主轴传动链中与电动机轴相连的第一根传动轴上，当按下停车按钮 SB5 或 SB6 时，接触器 KM1 断电释放，电动机 M1 失电。按钮按到底时，停止按钮的常开触头 SB5-2 或 SB6-2（8 区）闭合，接通电磁离合器 YC1，离合器吸合，将摩擦片压紧，对主轴电动机进行制动。直到主轴停止转动，才可松开停止按钮。主轴制动时间不超过 0.5s。

③ 主轴变速冲动。主轴变速是通过改变齿轮的传动比进行的，由一个变速手柄和一个变

速盘来实现，有18级不同转速（30～1500r/min）。为使变速时齿轮组能很好地重新啮合，设置变速冲动装置。变速时，先将变速手柄3下压，然后向外拉动手柄，使齿轮组脱离啮合；再转动蘑菇形变速手轮，调到所需转速上，将变速手柄复位。在手柄复位的过程中，压动位置开关SQ1，SQ1的常闭触头（8—9）先断开，常开触头（5—6）后闭合，接触器KM1线圈瞬时通电，主轴电动机M1做瞬时点动，使齿轮系统抖动一下，达到良好啮合。当手柄复位后，SQ1复位，断开主轴瞬时点动线路，M1断电，完成变速冲动工作。

④ 主轴换刀控制。在主轴更换铣刀时，为避免人身事故，将主轴置于制动状态。即将主轴换刀制动转换开关SA1转到"接通"位置，其常开触头SA1-1（8区）闭合，接通电磁离合器YC1，将电动机轴抱住，主轴处于制动状态；其常闭触头SA1-2（13区）断开，切断控制回路电源，铣床不能通电运转，保证了上刀或换刀时，机床没有任何动作，确保人身安全。当上刀、换刀结束后，将SA1扳回"断开"位置。

2）进给电动机M2的控制。铣床的工作台要求有前后、左右和上下六个方向上的进给运动和快速移动。工作台的进给运动分为工作进给和快速进给。工作进给只有在主轴启动后才可进行，快速进给是点动控制，即使不启动主轴也可进行。工作台的六个方向的运动都是通过操纵手柄和机械联动机构带动相应的位置开关，控制进给电动机M2正转或反转来实现的。在正常进给运动控制时，圆工作台控制转换开关SA2应转至断开位置。SQ5、SQ6控制工作台的向右和向左运动，SQ3、SQ4控制工作台的向前、向下和向后、向上运动。

3）冷却泵及照明电路的控制。主轴电动机M1和冷却泵电动机M3采用的是顺序控制，即只有在主轴电动机M1启动后，冷却泵电动机M3才能启动。主轴电动机启动后，扳动组合开关QS2可控制冷却泵电动机M3。机床照明由变压器T1供给24V的安全电压，由开关SA4控制。熔断器FU5作照明电路的短路保护。

（5）根据电动机的型号，选择熔断器、交流接触器、热继电器、转换开关等元器件的型号。

三、考一考

1. 选择题

（1）X6132型万能铣床启动主轴时，先接通电源，在把换向开关SA3转到主轴所需的旋转方向，然后按启动SB3或SB4接通接触器KM1，即可启动主轴电动机（　　）。

A. M1　　　　　B. M2　　　　　C. M3　　　　　D. M4

（2）X6132型万能铣床停止主轴时，按停止按钮SB1-1或SB2-1，切断接触器KM1线圈的供电电路，并接通主轴制动电磁离合器（　　），主轴即可停止。

A. HL1　　　　　B. FR1　　　　　C. QS1　　　　　D. YC1

（3）X6132型万能铣床做进给运动时，升降台的上下运动和工作台的前后运动完全由操纵手柄通过行程开关来控制，其中，用于控制工作台向后和向上运动的行程开关是（　　）。

A. SQ1　　　　　B. SQ2　　　　　C. SQ3　　　　　D. SQ4

（4）X6132型万能铣床工作台的左右运动由操纵手柄来控制，其联动机构控制行程开关SQ1和SQ2分别控制工作台（　　）运动。

A. 向右及向上　　　B. 向右及向下　　　C. 向右及向后　　　D. 向右及向左

（5）X6132型万能铣床工作台变换进给速度时，当蘑菇形手柄向前拉至极端位置且在反向推回之前借孔盘推动行程开关 SQ6、瞬时接通接触器（　　），则进给电动机做瞬时转动，使齿轮粘合。

A. KM2　　　　　　B. KM3　　　　　　C. KM4　　　　　　D. KM5

（6）X6132 万能铣床主轴启动后，若快速降按钮 SB5 或 SB6 按下，接通接触器（　　）线圈电源，接通 YC3 快速离合器，并切断 YC2 进给离合器，工作台按原运动方向做快速移动。

A. KM1　　　　　　B. KM2　　　　　　C. KM3　　　　　　D. KM4

（7）X6132 型万能铣床主轴上刀完毕，将转换开关扳到（　　）位置，主轴方可启动。

A. 接通　　　　　　B. 断开　　　　　　C. 中间　　　　　　D. 极限

（8）X6132 型万能铣床的控制电路中，机床照明由照明变压器供给，照明灯本身由（　　）控制。

A. 主电路　　　　　B. 控制电路　　　　C. 开关　　　　　　D. 无专门

（9）X6132 型万能铣床的全部电动机都不能启动，可能是由于（　　）造成的。

A. 停止按钮常闭触点短路　　　　　　B. SQ7 常开触点接触不良

C. SQ7 常闭触点接触不良　　　　　　D. 电磁离合器 YC1 无直流电压

（10）X6132 型万能铣床主轴停机时没有制动，若主轴离合器 YC1 两端的直流电压低，则可能因（　　）线圈内部有局部短路。

A. YC1　　　　　　B. YC2　　　　　　C. YC3　　　　　　D. YC4

（11）X6132 型万能铣床的冷却泵电动机 M3 为 0.125kW，应选择为（　　）BVR 型塑料铜芯线。

A. 1mm　　　　　　B. 1.5mm　　　　　C. 4mm　　　　　　D. 10mm

（12）X6132 型万能铣床敷设控制板时选用（　　）。

A. 单芯硬导线　　　B. 多芯硬导线　　　C. 多芯软导线　　　D. 双绞线

（13）X6132 型万能铣床电器控制板制作前，应准备电工工具一套，钻孔工具一套包括手枪钻、钻头及（　　）等。

A. 螺钉旋具　　　　B. 电工刀　　　　　C. 台钻　　　　　　D. 丝锥

（14）X6132 型万能铣床电气控制板制作前的绝缘电阻若低于（　　），则必须进行烘干处理。

A. 0.3MΩ　　　　　B. 0.5MΩ　　　　　C. 1.5MΩ　　　　　D. 4.5MΩ

（15）X6132 型万能铣床制作电气控制板时，划出安装标记后进行钻孔、攻螺纹、去毛刺、修磨，将板两面刷防锈漆，并在正面喷涂（　　）。

A. 黑漆　　　　　　B. 白漆　　　　　　C. 蓝漆　　　　　　D. 黄漆

（16）安装 X6132 型万能铣床线路左、右侧配电箱控制板时，要注意控制板的（　　）使它们装上元器件后能自由地进出箱体。

A. 尺寸　　　　　　B. 颜色　　　　　　C. 厚度　　　　　　D. 重量

（17）X6132 型万能铣床线路的导线与端子连接时，导线接入接线端子，首先根据实际需要剥切出连接长度，（　　）然后套上标号套管，再与接线端子可靠连接。

A. 除锈和清除杂物　B. 测量接线长度　　C. 浸锡　　　　　　D. 恢复绝缘

（18）X6132 型万能铣床线路采用沿板面敷设法敷线时，应采用（　　）。

A. 塑料绝缘单片硬铜线　　　　　　　B. 塑料绝缘软铜线

C. 裸导线　　　　　　　　　　　　　D. 护套线

（19）X6132型万能铣床电动机的安装，一般采用起吊装置，先将电动机水平吊起至中心高度并与安装孔对正，再将电动机与（　　）连接粘合，对准电动机安装孔，旋转螺栓，最后撤去起吊装置。

A. 紧固　　　　　B. 转动　　　　　C. 轴承　　　　　D. 齿轮

（20）安装X6132型万能铣床的限位开关前，应检查限位开关支架和（　　）是否完好。

A. 撞块　　　　　B. 动触头　　　　C. 静触头　　　　D. 弹簧

（21）X6132型万能铣床敷设连接线时，将连接导线从床身或穿线孔穿到相应位置，在两端临时把套管固定。然后用（　　）校对连接线，套上号码管并固定好。

A. 试电笔　　　　B. 万用表　　　　C. 绝缘电阻表　　D. 单臂电桥

（22）在机床电器连接时，所用接线应（　　）。

A. 连接可靠，不得松动　　　　　　　B. 长度合适，不得松动

C. 整齐，松紧适度　　　　　　　　　D. 清理线头

（23）在机床电气连接时，元器件上端子的接线用剥线钳剪切适当长度，剥出接线头，除锈，然后镀锡，（　　）接到接线端子上用螺钉拧紧即可。

A. 套上号码管　　B. 测量长度　　　C. 整理线头　　　D. 清理线头

（24）X6132型万能铣床调试前，应首先检查主电路是否短路，断开二次回路，用万用表（　　）挡测量电源与零线之间是否短路。

A. R×1　　　　　B. R×10　　　　　C. R×100　　　　D. R×1000

（25）X6132型万能铣床主轴制动时，元器件动作顺序为SB1或（SB2）按钮动作→KM1失电→KM1常闭触点闭合→（　　）得电。

A. YC1　　　　　B. YC2　　　　　C. YC3　　　　　D. YC4

（26）X6132型万能铣床主轴变速时在主轴电动机的冲动控制中，元件动作顺序为SQ7动作→KM1动合触点闭合接通→电动机M1转动→（　　）复位→KM1失电→电动机M1停止，冲动结束。

A. SQ1　　　　　B. SQ2　　　　　C. SQ3　　　　　D. SQ7

（27）X6132型万能铣床工作台向后移动时将（　　）扳到断开位置，SA1-1闭合，SA2-2断开，SA1-3闭合。

A. SA1　　　　　B. SA2　　　　　C. SA3　　　　　D. SA4

（28）X6132型万能铣床工作台的操作手柄在中间时，行程开关动作，（　　）电动机正转。

A. M1　　　　　B. M2　　　　　C. M3　　　　　D. M4

（29）X6132型万能铣床工作台快速进给的调速时，将操作手柄扳到相应的位置，按下SB5，KM2得电，其辅助触点接通（　　）工作台就选定的方向前进。

A. YC1　　　　　B. YC2　　　　　C. YC3　　　　　D. YC4

（30）X6132型万能铣床圆工作台回转运动的调试时，主轴电机启动后，进手操作柄打到零位，并将SA1扳到接通位置，M1、M3分别用（　　）和KM3吸合而得电运转。

A. KM1　　　　　B. KM2　　　　　C. KM3　　　　　D. KM4

工 学 评 价

小组评价表见表 6-5。

表 6-5 小 组 评 价 表 一

班级			指导老师		
组别			组长		
任务名称			日期		
评价内容	分值		评分		
			小组自评	小组互评	教师评价
分工表的合理性	10				
正确理解工作任务填写工作任务单	10				
工作页完成情况	15				
能否识读 X62W 铣床结构	10				
能否描述 X62W 铣床运动特点	10				
能否描述主电路工作原理	10				
能否描述控制电路工作原理	15				
团队协作	10				
工作效率	10				
合计	100				
小组评分					

注 小组评分＝小组自评 20％＋小组互评 30％＋教师评价 50％。

学习活动三　制订工作计划，做出决策

工学目标

（1）能正确画出原理图、元器件布置图和绘制接线图。

（2）能正确填写电器材料配置清单，并领料。

（3）能正确选择器件并进行质量检查。

（4）能根据任务要求和实际情况，合理制订工作计划。

学时：4 学时。

工学过程

一、根据任务要求，制订工作流程并为下一工作任务分工

小组成员活动安排表见表 6-6。

表 6-6　　　　　　　　　　　　小组成员分工安排表

项目：＿＿＿＿＿＿＿＿＿＿＿＿＿＿＿＿＿＿＿＿＿＿＿＿＿＿＿＿＿＿＿＿

组别：＿＿＿＿＿＿＿＿＿＿＿＿＿＿＿＿＿＿＿＿＿＿＿＿＿＿＿＿＿＿＿＿

组长：＿＿＿＿＿＿＿＿＿＿＿＿＿＿＿＿＿＿＿＿＿＿＿＿＿＿＿＿＿＿＿＿

组员：＿＿＿＿＿＿＿＿＿＿＿＿＿＿＿＿＿＿＿＿＿＿＿＿＿＿＿＿＿＿＿＿

序号	工作内容	负责人	评分
1			
2			
3			
4			
5			
6			
7			
8			

二、电工工具准备（见表 6-7）

表 6-7 电 工 工 具 表

名称	型号或规格	单位	数量

三、请列举本任务的电器清单（见表 6-8）

表 6-8 电 器 清 单

代号	名称	型号	规格	数量
M1	主轴电动机			
M2	进给电动机			
M3	冷却泵电动机			
QS1	开关			
QS2	开关			
SA1	开关			
SA2	开关			
SA3	开关			
FU1	熔断器			
FU2	熔断器			
FU3、FU6	熔断器			
FU4、FU5	熔断器			
FR1	热继电器			
FR2	热继电器			
FR3	热继电器			
T1	照明变压器			

代号	名称	型号	规格	数量
T2	变压器			
TC	变压器			
VC	整流器			
KM1	接触器			
KM2	接触器			
KM3	接触器			
KM4	接触器			
SB1、SB2	按钮			
SB3、SB4	按钮			
SB5、SB6	按钮			
YC1	电磁离合器			
YC2	电磁离合器			
YC3	电磁离合器			
SQ1	主轴冲动位置开关			
SQ2	进给冲动位置开关			
SQ3	工作台前、上进给位置开关			
SQ4	工作台后、下进给位置开关			
SQ5	工作台左进给位置开关			
SQ6	工作台右进给位置开关			

四、绘制 X62W 万能铣床元件布置图

请根据电柜和电气线路板实际尺寸，画出 X62W 万能铣床元件布置图。

工 学 评 价

小组评价表见表 6-9。

表 6-9   小 组 评 价 表 二

班级		指导老师	
组别		组长	
任务名称		日期	

评价内容	分值	评分		
		小组自评	小组互评	教师评价
活动二分工表的合理性	10			
工作计划制订的条理性、全面性、完整性、可行性	20			
安装时需要准备的工具，仪表的使用要求是否明确	10			
机床安全操作规程是否明确	20			
电气安装图绘制是否正确	10			
团队协作	20			
工作效率	10			
合计	100			
小组评分				

注　小组评分＝小组自评 20％＋小组互评 30％＋教师评价 50％。

学习活动四　实施计划并交付验收

工 学 目 标

(1) 能按图纸、工艺要求、安全规范和设备要求，安装元器件并接线。

(2) 能用仪表检查电路安装的正确性并通电试车。

(3) 施工完毕能清理现场，能正确填写工作记录并交付验收。

学时：22 学时。

工 学 过 程

(1) 准备现场安全标识牌，安全用具、安全帽、绝缘鞋等。

(2) 引导问题。

1) 施工前应该通知哪些部门和人员？

_____

2) 维修人员应该如何确认拉闸、合闸？与什么人联系？

_____

3) 施工前应悬挂何种标识及采用何种隔离措施，如何设置？

_____

4) 作为施工人员，自身应做好哪些防护准备？

_____

(3) 按施工图纸列出所需材料单，去仓库领器材。

(4) 对器材的品种、规格、数量、外观及质量进行检查，发现问题及时更换。

(5) 安装器件和布线。

(6) 配线，采用线槽配线的配线方式。

(7) 功能调试。

注意：只有在电路接线检查无误的情况下，才允许合上交流电源开关 QS。

第一步：闭合 QS。

第二步：扳动 SA4 开关，检查 EL 亮灭情况。

第三步：扳动 SA3 开关，检查 KM1 通断电情况及 M3 电动机运行情况。

第四步：主轴运行情况检查。将倒顺开关扳到中间断开挡位，工作台选择开关 SA1 处于断开挡位，按下启动按钮 SB1 或 SB2，观察接触器 KM3 通电闭合自锁情况；按下主轴停止按钮 SB3 或 SB4，观察 KM3 是否断电释放；手动使 SQ7 动作和释放，观察 KM3、KM2 先后断电通电情况。

第五步：进给运行检查。在 KM3 通电并自锁的前提下，分别扳动纵向进给手柄、横向与垂直进给手柄，观察接触器 KM4、KM5 通电情况及 M2 电动机正反转情况；分别按下按钮 SB5 或 SB6，观察接触器 KM6 通电情况及快速电磁铁通电吸合情况。

当纵向进给手柄、横向与垂直进给手柄均在中间挡位时，手动使 SQ6 动作和释放，观察 KM5 通断电情况及 M2 电动机转动情况。将工作台选择开关 SA1 扳到接通挡位，观察 KM4 通电情况及 M2 电动机转动情况。以上均正常时，将倒顺开关扳到所选转向挡位开始运行操作。

相关要求：检查主轴电动机 M1、冷却泵电动机 M2、刀架快速移动电动机 M3 的受控工作状态；监听接触器主触点分合的动作声音和接触器线圈运行的声音是否正常；反复试验数次，检查控制线路动作的可靠性。

（8）交付验收。

1）施工完毕，怎样用万用表和兆欧表进行自检？详述检测过程。

_____

2）如果调试不成功，应当怎样检查、修改？

_____

（9）现场 6S 管理，引导问题。

1）工程完毕后，应清点哪些工具？

_____

2）工程完毕后，应收集哪些剩余材料？

_____

3）工程完毕后，应清理哪些工程垃圾？

_____

4）工程完毕后，应拆除哪些防护措施？

_____

（10）验收内容。

1）在验收阶段，各小组派出代表进行交叉验收，并填写详细验收记录（见表 6-10）。

表 6-10　　　　　　　　　　　验 收 记 录 表

验收问题记录	整改措施	完成时间	备注

续表

验收问题记录	整改措施	完成时间	备注

2）以小组为单位认真填写安装任务验收报告，并将学习活动一中的工作任务单填写完整。

3）X62W型万能铣床安装任务验收报告（见表6-11）。

表6-11　　　　　　　　　　　　验　收　报　告

工程项目名称			
建设单位		地址	
施工单位		地址	
项目负责人			
工程概况			
存在问题		完成时间	
改进建议			
验收结果			

引导问题：

1）工作任务完成后，你应该与谁进行沟通？

_____

2）请简要描述任务完成情况。

_____

3）你认为客户对你的工作态度是否满意？

_____

4）你认为验收事项重要吗？为什么？

_____

工程验收：一定要在整个过程中随时整理相关的资料，特别是工程技术资料，要专人做好保管，在施工过程中就事先按要求编目，随时整理归档。

学习拓展

我们可按照工作任务单中验收的条件自行设计符合学习活动实际情况的验收情景，教师安排学生扮演角色，归还工具、电业安全操作规程、电工手册、电气安装施工规范等资料。将设计方案写出来。

工学评价

小组评价表见表 6-12。

表 6-12　　　　　　　　　　　　　小 组 评 价 表 三

项目内容	配分	评分标准		扣分	得分
装前检查	5	电器元件漏检或错检，每处	扣 1 分		
器材选用	5	(1) 导线选用不符合要求，每处	扣 4 分		
		(2) 穿线管选用不符合要求，每处	扣 3 分		
		(3) 编码套管等附件选用不当，每项	扣 2 分		
元件安装	10	(1) 控制板内部元件安装不符合要求，每处	扣 3 分		
		(2) 控制板外部电器元件安装不牢固，每处	扣 3 分		
		(3) 损坏电器元件，每只	扣 5 分		
安装接线	20	(1) 不按电路图接线	扣 20 分		
		(2) 控制板内外导线敷设不符合要求，每根	扣 3 分		
		(3) 通道内导线敷设不符合要求，每根	扣 3 分		
		(4) 漏接接地线	扣 10 分		
通电试车	30	(1) 位置开关安装不合适	扣 5 分		
		(2) 整定值未整定或整定错，每只	扣 5 分		
		(3) 熔体规格选错，每只	扣 3 分		
		(4) 实际铣床操作不熟练	扣 5 分		
		(5) 通电不成功一次	扣 10 分		
		通电不成功二次	扣 20 分		
		通电不成功三次	扣 30 分		
实训报告	10	没按照报告要求完成、内容不正确	扣 10 分		
团队协作	10	小组成员分工协作不明确、不能积极参与	扣 10 分		
安全文明生产	10	违反安全文明生产规程	扣 5～10 分		
定额时间：4h		每超时 5min 以内以扣 5 分计算			
备注		除定额时间外，各项目的最高扣分不应超过配分数		成绩	
开始时间		结束时间		实际时间	

学习活动五 成 果 汇 报

工 学 目 标

能总结施工过程中出现的问题和解决方法，对自己和他人的工作做出公正的评价。

学时：3 学时。

工 学 过 程

请根据工程完工情况，用自己的语言描述具体的工作内容。

引导问题：

(1) 明确工作任务时遇到了什么问题，怎样解决？

_____

_____

(2) 勘察施工现场时遇到了什么问题，怎样解决？

_____

_____

(3) 制订工作计划，列举工具和材料清单时遇到了什么问题，怎样解决？

_____

_____

(4) 工作准备与学习元器件时遇到了什么问题，怎样解决？

_____

_____

(5) 现场施工时遇到了什么问题，怎样解决？

_____

_____

学 习 拓 展

写出本任务的工作总结。

工 学 评 价

小组评价见表 6-13。

表 6-13　　　　　　　　小 组 评 价 表 四

评分项目	评价指标	标准分	得分
自评	自评是否客观	20	
互评	互评是否公正	20	
演示方法	演示方法是否多样化	20	
语言表达	语言表达是否流畅	20	
团队协作	小组成员是否团结协作	20	

学习活动六 综 合 评 价

工 学 目 标

（1）小组讨论完善各个活动的小组评价表。
（2）小组长组织小组成员完成个人综合评价表的自评。
（3）小组长完成个人综合评价表的组评。
学时：1学时。

工 学 评 价

个人综合评价表见表 6-14。

表 6-14 人 综 合 评 价 表

班级		指导老师	
组别		学号	
姓名		分数	
任务名称		日期	

评价项目	评价内容	评价标准	评价方式	
			自评 30％	组评 70％
职业素养	是否安全文明生产，是否完成工作任务	A. 自觉遵守安全规程正确操作，出色完成工作任务，能按车间现场 6S 管理标准正确布置工作环境 B. 遵守安全规程正确操作，较好完成工作任务，能按车间现场 6S 管理标准正确布置工作环境 C. 遵守安全规程没能完成工作任务，或完成工作任务，但不能按车间现场 6S 管理标准正确布置工作环境 D. 不遵守安全规程没有完成工作任务		
	学习考勤	A. 全勤 B. 没有缺勤或迟到早退不超过 3 次 C. 缺勤 10％或迟到早退不超过 6 次 D. 缺勤 30％或迟到早退 6 次以上		

评价项目	评价内容	评价标准	评价方式	
			自评 30%	组评 70%
职业素养	团队协作能力	A. 善于与同学沟通，团队协作能力强 B. 能与同学沟通，团队协作能力较强 C. 能与同学沟通，团队协作能力一般 D. 不能与同学沟通，团队协作能力较差		
专业能力	小组评价表一：明确任务，查阅收集资料	A. 能按时完整地完成工作页，能清楚描述线路原理图工作原理 B. 能按时完整地完成工作页，能较清楚描述线路原理图工作原理 C. 未能按时完整地完成工作页，能大概描述线路原理图工作原理 D. 不能完成工作页，不能描述线路原理图工作原理		
	小组评价表二：制订计划，做出决定	A. 能按时完整地完成工作页，明确装置的安装工艺要求，绘制图纸准确 B. 能按时完整地完成工作页，较明确装置的安装工艺要求，绘制图纸较准确 C. 不能按时完整地完成工作页，绘制图纸错误较多 D. 未完成工作页		
	小组评价表三：实施计划并交付验收	A. 能按规范要求高效率完成小组分工任务，工作方法正确，工作过程清晰，技术娴熟，安全文明生产 B. 能完成小组分工任务，工作方法正确，工作过程清晰，技术过关，安全文明生产 C. 在小组成员的协助下完成小组分工任务，安全文明生产 D. 不能完成小组分工任务，不配合小组的帮助		
	小组评价表四：成果汇报	A. 能高效率完成小组分工任务，会制作演示文稿、展板、海报、录像或熟练向全班展示、汇报学习成果 B. 能完成小组分工任务，会收集制作演示文稿、展板、海报、录像资料，积极协助完成汇报工作 C. 不能按时完成小组分工任务 D. 不能完成小组分工任务		
创新能力	工作学习过程中提出有创新性建议		加分	
评价等级计算方式	总分＝自评平均分30%＋组评平均分70% 其中，A＝90，B＝75，C＝60，D＝45			

参 考 文 献

[1]　潘毅，翟恩民，游建. 机床电气控制. 北京：科学出版社，2009.

[2]　余寒. 电动机继电控制线路安装与检修. 北京：中国劳动社会保障出版社，2013.

[3]　仲葆文. 维修电工. 2 版. 北京：中国劳动社会保障出版社，2012.

[4]　金凌芳. 电气控制线路安装与维修. 北京：机械工业出版社，2013.

参 考 文 献

[1] 薛毅. 数据挖掘. 概论. 机器学习方法. 北京: 科学出版社, 2020.

[2] 李航. 统计学习方法原理与实现方法学. 北京: 国防工业科学技术出版社, 2012.

[3] 周志华. 机器学习. 北京: 中国科学技术全国出版社, 2012.

[4] 金澄洁. 中小高校理论系数学与实践研究. 北京: 机械工业出版社, 2013.